广东省陆生野生脊椎动物资源丛书

广东省陆生野生脊椎动物资源·广州篇

胡慧建　张春兰　张　亮　梁健超　主编

SPM
南方传媒

广东科技出版社
全国优秀出版社

· 广 州 ·

图书在版编目（CIP）数据

广东省陆生野生脊椎动物资源．广州篇/胡慧建等主编．—广州：广东科技出版社，2023.6

（广东省陆生野生脊椎动物资源丛书）

ISBN 978-7-5359-7891-2

Ⅰ．①广…　Ⅱ．①胡…　Ⅲ．①野生动物—脊椎动物门—动物资源—广州　Ⅳ．①Q959.308

中国版本图书馆 CIP 数据核字（2022）第110604号

广东省陆生野生脊椎动物资源·广州篇

Guangdong Sheng Lusheng Yesheng Jizhui Dongwu Ziyuan · Guangzhou Pian

出 版 人：严奉强

项目统筹：罗孝政　区燕宜

责任编辑：区燕宜　于 焦

封面设计：柳国雄

责任校对：于强强

责任印制：彭海波

出版发行：广东科技出版社

（广州市环市东路水荫路 11 号　邮政编码：510075）

销售热线：020-37607413

https://www.gdstp.com.cn

E-mail：gdkjbw@nfcb.com.cn

经　　销：广东新华发行集团股份有限公司

印　　刷：广州市彩源印刷有限公司

（广州市黄埔区百合三路8号　邮政编码：510700）

规　　格：787 mm×1 092 mm　1/16　印张20.5　字数420千

版　　次：2023年6月第1版

2023年6月第1次印刷

定　　价：268.00元

前　言
FOREWORD

　　广州是个鸟语花香的城市。展开地图，我们会发现广州的地域轮廓像一只振翅起飞的灵禽——头部是从化，大树参天、山林葱郁；两翼为花都和增城，水网如织、田野相间；腰腹是中心城区，高楼耸立、绿地星点；尾部则有南沙，海涛拍岸、基围相连。正是这种"山、田、城、海"层层叠加的多样化自然环境，孕育出了广州丰富的野生动植物资源，在2004—2007年进行的广州市第一次陆生野生动植物资源本底调查中，记录到的陆生野生脊椎动物有388种，而在2017—2019年进行的广州市第二次陆生野生动植物资源本底调查中，记录的物种增加到457种（陆生野生脊椎动物在野外调查难度大，部分物种的照片等资料在调查过程中未获得，因此本书第二章仅对调查资料齐全的物种进行介绍）。由此，我们便会发问，为什么广州市陆生野生脊椎动物种类会如此丰富，并有明显增加？

　　首先是调查的充分性。在这里，不得不说广州市第一次陆生野生动植物资源本底调查的故事。这次调查是改革开放后，我国首个副省级城市基于《中华人民共和国野生动物保护法》和《中华人民共和国陆生野生动物保护实施条例》相关要求开展的调查，也是全国首个超大城市全区域性的系统性调查。整个调查覆盖了广州市全境7 434.4 km^2，不仅在自然环境中开展调查，也在城市绿地中开展调查。原本以为一个受人类活动高度干扰的城市，其野生动植物资源是匮乏的。这次调查使我们对广州陆生野生脊椎动物有了一个全新的认识，这座城市所拥有的陆生野生脊椎动物的丰富性远远超出了我们的想象。根据历史资料，我们所收集到的广州市陆生野生脊椎动物约350种，而实际调查结果为388种。这喜人的结果得益于全区域系统的调查，同时也展现出了实地调查的力量。

其次是广州具有野生动物保护"敢为天下先"的意识。广州人奋力创新，敢为人先的精神在野生动物保护方面也有突出体现。一是相关法律法规规定，每隔十年开展一次广州市陆生野生动植物资源本底调查，更新野生动植物资源档案，这不仅是在副省级城市，甚至在全国各级城市中都是首创。二是针对野生动物资源在人类活动干扰下呈现衰退趋势的情况，广州于2009—2015年开展了野生动物进城工程，在广州中心城市及周边从群落角度开展野生动物多样性恢复，开创了城市野生动物恢复的先例。以上创新性工作，加上其他富有成效的保护措施，使广州野生动物资源进一步恢复和丰富。

广州市第二次陆生野生动植物资源本底调查，再一次更新了我们对广州野生动物的认知。陆生野生脊椎动物的四大类群物种全面增加，其中两栖类增加3种，爬行类增加6种，鸟类增加56种，哺乳类增加11种。其中有调查深入的因素，但从增加幅度来看，更多应该得益于野生动物保护和恢复工作取得的成效。尤其是城区内野生动物物种大幅度增加，如鸟类从2005年的116种增加到2018年的140多种，更加说明了野生动物进城工程的成效。

最后，在这可观数字的背后，是广州人在生态环境和动物保护方面不辞艰辛和孜孜不倦的付出——"森林进城、森林围城"工程、"青山绿地、蓝天碧水"工程、《广州市花城绿城水城建设方案》等多项重要生态修复工程的实施，逐渐改善了广州的自然生态环境，也为野生动植物营造出更好的栖息环境，使得许多"久违"了的生灵重回我们身边。

陆生脊椎动物是陆地上进化最为成功的生物类群之一。在其漫长的进化过程中，不同的物种针对不同的生存环境，采取了不同的生存对策，不断塑造自身的身体，从而演变出极为丰富多样的身体结构、器官和行为方式，由此将地球的生态环境浓缩于自身，生动而直观地反映着它们身边的生态环境。为此，我们展现广州市第二次陆生野生动植物资源本底调查成果的同时，将这些栖息于广州山、田、城、海间的生灵们及其生活场景展现给大家，详细介绍部分陆生野生脊椎动物，与大家一起感受广州的和谐生态之美。

在此，我们要感谢广州市林业和园林局及各区市林业主管部门、自然保护地及公园等为我们的调查提供支持，还要感谢我们勇敢而敬业的调查队队员们的艰苦努力。最后，我们期待有更多的人以更大的热情投入到需要持之以恒、不断完善的野生动物保护行动中来。

编　者

2022年5月

目 录

CONTENTS

第一章 总 论

第二章　动物图鉴

三、鸟类

第一章　总　　论

一、自然地理概述

（一）地理位置

广州地处中国南部、广东省中南部，北接南岭余脉，南临南海，西江、北江、东江在此汇流入海。全市面积为 7 434.4 km²，地域范围在北纬 22°26′～23°56′、东经 112°57′～114°03′，北回归线从市境中部偏北穿过，约 2/3 的地区在北回归线以南。在行政区划上，广州北靠清远市区、佛冈及韶关新丰，南接东莞和中山，东邻惠州博罗、龙门两县，西邻佛山三水、南海和顺德，隔海与香港特别行政区、澳门特别行政区相望。

广州是华南地区最大的交通运输主枢纽，是京广铁路的终点，广深、广三、广茂铁路的起点，也是华南民用航空交通中心，珠江三角洲公路网的中心，具有多条内河、近海、远洋航线，与全国、亚太地区乃至世界各地的联系十分密切，故有中国"南大门"之称。

（二）地质

广州位于华南褶皱系（一级单元），粤北、粤东北-粤中拗陷带（二级单元），粤中拗陷（三级单元）的中部，为晚古生代至中三迭世的拗陷，沉积了厚约 7 000 m 的单陆屑式碎屑岩建造、碳酸盐建造、含煤建造，沉积中心在花都一带。受加里东、印支、燕山及喜马拉雅等构造旋回的作用，广州发育了不同规模的褶皱和断裂构造，主要构造形迹为北东走向、东西走向和北西走向，并发育了沉积岩、岩浆岩、变质岩。中生代、新生代以断陷盆地发育为特征，并遵循深、大断裂带分布。中生代的岩浆活动频繁，以多次侵入和喷溢为特征，新生代则表现为基性偏碱性岩浆的喷溢。

广州市区的岩浆岩主要分布在东部、北部，珠江南岸有零星分布。根据时代可分为加里东期、海西期、印支期、燕山期、喜马拉雅期 5 个构造岩浆期。变质岩主要为区域变质岩、混合岩，局部发育有热接触变质岩。随着地质年代的推移，各种类型的岩石和不同规模的构造构成了广州自然地理环境的地质基础。

（三）地貌

广州正处于粤中低山与珠江三角洲之间的过渡地带，属于丘陵地带，地势由东北向西南倾斜，地貌的层状结构明显。广州北部为森林集中的丘陵山区，最高峰为北部从化与惠州龙门交界处的天堂顶，海拔为1 210 m；中部为丘陵台地；南部为沿海冲积平原。广州地貌包括山地、丘陵、台地、阶地、平原5个基本形态。

按照《广东地貌区划》（中国科学院华南热带生物资源综合考察队、广州市地理研究所，1962年12月）的划分标准，将广州大部分区域划入闽粤沿海山地丘陵和低地区域的珠江三角洲及边缘台地丘陵州，仅将东北部山地划入江南丘陵区域的粤北中等山地州。按区或最低一级的地形单元，广州地貌分区如下。

1. 珠江三角洲平原区

广花平原包括广州市郊北部和花都南部，为流溪河下游平原。平原上局部发育着东北-西南向的分割台地和低丘。平原面微向西南倾斜，海拔在20 m左右，与珠江三角洲平原共同形成统一地形面，两者的过渡界线十分模糊。广花平原形成的年代较早，组成平原的物质基本上是冲积的中粗砂和亚黏土，并偶见砾石。平原南部由于地势较低，潜水面上升，局部地区甚至露出地表，形成湿地。东侧白云山一带地势较高，岩层向平原方向倾斜，二叠纪灰岩深埋在冲积层之下，加上地下水补给范围又相当广阔，因此，这里是承压水富集地区。

番禺-广州台地、低丘和平原范围包括广州河南至市桥一带，主要是一片低平台地与三角洲冲积平原分布区。台地在区内广泛发育，按高程可分20 m、40 m和60～80 m三级，其中60～80 m台地破坏较严重，地貌特征不明显。20 m和40 m台地保存较完整，但仍受到不同程度的切割，表现为丘陵状。40 m台地以广州石牌一带发育较完善。20 m台地分布在40 m台地的南面，台地顶部平坦，局部仍有堆积物被保留下来，如江村附近台顶砾石层厚达1～3 m，黄埔附近台地面积较大，河汊遗传现象十分明显。在20 m台地前缘，还存在着一级标高10 m的堆积阶地，然后过渡到珠江三角洲平原。

2. 增城-广州间丘陵、台地、冲积平原区

增从山丘在增城与从化之间，为花岗岩上升地体，由于侵蚀作用及受断裂构造控制，地表起伏明显。小型的山间盆地、谷地穿插在丘陵之间，谷地和盆地底部为良好的峒田。花岗岩的球状风化物在山顶和山麓发育成石蛋地形。在山丘丘麓形成坡积物地形，使山坡一般表现为和缓形状。由于地表起伏不大，风化壳发育较厚，风化红土是区内的主要土类，山丘分布地区亦可见粗骨红壤发育，马尾松-铁芒萁群落到处可见。

增江丘陵、台地与冲积平原东起罗浮山，西至广州市郊，北接南昆山山地，南部向东江三角洲平原过渡，主要是增江流域控制地区，同时也是增城、从化山地和下降的三角洲平原的过渡地带。区内丘陵、台地、平原犬牙交错，地貌组合较为复杂。区内台地所占面积较大，台地高度可分为20～25 m和40～45 m两级。增城附近所见两级台地仍然比较平坦且高度大致均一。由于接近山地部分抬升幅度较大，故40 m高的台地靠近山地，分布于北部。区内冲积平原主要由增江及发源于北部山地的若干溪流联合堆积而成。平原向南倾斜，坡度小于2°，与东江三角洲平原没有明显的分界。

3. 从化-花都丘陵、台地、冲积平原区

从化盆地以从化街口为中心，四周有花岗岩形成的海拔200～300 m的高丘分布，构成盆地的边缘。盆地的基底为石炭纪—三叠纪的石灰岩，上覆红土层及现代河流冲积物。盆地的地势自东北、西北向盆地中心倾斜。盆地的东、南、北三面皆有丘陵和台地分布，

西部鳌头附近以海拔80～130 m的和缓低丘与潖江河谷平原分界。在神岗东北面发育有丹霞地貌和红色岩系所形成的低丘。

花北山丘分布在从化盆地以南，花都的北部。这一带山丘和其以南的广花平原在地貌上有很大差异。组成丘陵的岩性主要为花岗岩和砂页岩，丘陵东部还有少量红色岩系。丘陵海拔一般为250～500 m。花岗岩出露的地区，地势起伏和缓，风化作用强烈，红土发育较深厚，在植被遭到破坏的地区，沟状侵蚀十分普遍。西南部的丫髻岭（海拔408.4 m）与其南部的广花平原地形反差较大，因受断裂带控制，其山间盆地高出平原200多米，形成悬谷，四周皆有瀑布发育。

4. 九连山中山谷地区

从化东北部在地貌上属粤北中等山地州九连山中山谷地区的一部分。构成山地的岩性主要为花岗岩、砂页岩、变质岩。山脉呈东北-西南走向。山峰海拔常超过800 m，如天堂顶（海拔1 210 m）、五指山（海拔1 031 m）。山地坡度很陡，坡度在35°以上。主要的河谷沿构造线方向发育，沟谷遍布，河谷下切较深，主谷下切常达400～500 m。河谷的纵断面呈阶梯状，急滩瀑布随处可见。在良口-地派低山谷地中，流溪河在黄竹塱深切山地，成为落差很大的峡谷，水力资源丰富，流溪河水电站即在此修建。吕田和鞍山盆地为石灰岩溶蚀所成的盆地，盆地内可见两级阶地。在盆地内的喀斯特溶洞中发现有中更新世至上更新世初期的古脊椎动物化石群。

（四）气候

广州地处亚热带沿海，濒临南海，属海洋性亚热带季风气候带。以温暖多雨、光热充足、夏季长、霜期短为特征。年太阳辐射总量在4 400～5 000 MJ/m²，年日照时数为1 770～1 940 h，日照时数地域分布呈现自东南向西北递减的趋势，时间上夏长冬短。太阳辐射总量大，日照时数多。冬季受干冷的大陆气团控制，降水稀少；其余时间都受海洋暖湿气流影响，雨量充沛。

广州各地平均气温差别不大，总体呈南高北低。全市年平均气温为21.4～21.9℃，气温年较差为15～16℃，日较差为7～8℃，变幅不大，表现为海洋性气候特点。每年气温最高出现于7—8月，多为28.4～28.7℃，极端高值达38.7℃；最低温在1月，平均气温为13.1℃，极端低值为-2.6℃。

受地势走向的影响，广州降水量随地势由南向北逐渐增多，丘陵多于平原，北部的从化年降水量比南部的番禺年降水量多297 mm。广州年降水量为1 612～1 909 mm，一年中最多雨时间为5—6月，最少雨时间在11月至翌年1月，4—9月为多雨季节，多雨季节降水量一般占年降水量的80%以上。广州降水虽然丰沛，但很不稳定，年际变化大。最多雨年和最少雨年降水量相差2倍多。

（五）土壤

广州属南亚热带气候，地带性土壤以赤红壤为主。部分山地起伏较大，土壤具有垂直分布的特点。市郊区土壤面积48.76 km²，占土地总面积的65.6%，由于受人类长期生产活动的影响，广州的耕作土壤，尤其是水稻土的类型发育较为齐全。

广州的土壤在成土过程中，受东北高西南低的地势、南亚热带季风气候、密布的河流、繁多的成土母质类型，以及长期的人类开发利用等因素的综合作用，形成了多种多样的土壤类型。按广东省土壤普查分类系统，全市土壤分属9个土类、14个亚类、41个土属、101个土种。

依据土壤成土母质，分布地形，水、肥、气、热状况，以及生产性能的相似性，土壤的植被情况和发展方向的差异性，土壤类型及改良措施的相似性和差异性，结合当地农民对农业生产的耕作习惯和镇、村的行政区划，将全市划分为3个土区和10个亚土区。具体分区如下。

1. 南部三角洲平原残丘赤红壤沙围田区

该区处于北回归线以南，具有典型的南亚热带气候特征，主要的土壤是三角洲沉积物发育的水稻土，是全市主要的粮、蔗生产基地。存在的主要问题是耕地污染和占用过多，耕地的综合利用和滩涂的综合开发利用问题有待解决。在区内又划分出3个亚区：禺南海坦沙围田沼泽土、油格田、泊泥田亚区，禺北低丘陵垌田、赤红壤泥田亚区，近郊台地围田污染菜园土、泥肉田亚区。

2. 中部低山丘陵赤红壤洋垌田区

该区跨北回归线，处南亚热带北缘。耕地面积占全市耕地面积的55%，主要土壤类型是花岗岩、砂页岩赤红壤及宽谷冲积物、河流冲积物发育的水稻土，还有大面积的旱坡地。该区是全市主要的粮、油、亚热带经济作物、水果的生产基地。该区需改造占2/3面积的中低产田，以及综合开发利用丘陵赤红壤。在区内又分5个亚区：花县平原台地洋田、沙泥田、赤红泥地亚区，萝岗高丘陵垌田、泥田果园土亚区，增城丘陵宽垌田、沙泥田、果园土亚区，从化丘陵台地宽垌田、沙泥田、赤红泥地亚区，花北低山丘陵坑垌田、赤红壤沙泥田亚区。

3. 北部中低山黄壤、红壤、赤红壤坑垌田区

该区山峦起伏，山脉纵横交错，属中亚热带气候，具有山高、水冷、山多、田（地）少的特点。主要土壤类型是红壤、赤红壤。该区是全市主要的林业生产基地。该区存在的主要问题是山林破坏及水土流失，需要做好山地的综合利用，恢复森林，搞好生态平衡。区内分为2个亚区：从化中低山梯田、坑田、黄壤、赤红壤、麻红泥田、冷底田亚区，从化低山坑垌田、红壤、赤红壤、沙泥田亚区。

（六）水文

在地形和气候的共同作用下，广州形成独特的水系及水文特征。

广州地处珠江三角洲，境内河流水系发达，大小河流众多，水域面积广阔。全市河流归属珠江水系，其中东北部以山区河流为主，流域边界明显，主要河流有流经从化、花都和白云的流溪河，来自龙门、流经增城的增江及白坭河等；南部为珠江三角洲河网区，大小水道、河涌纵横交错，水网密布，流域边界不明显，主要为西江、北江、东江下游水道和珠江前、后航道交织成的河网。全市集雨面积在2 000 km²以上的河流有珠江广州河道、流溪河和增江，集雨面积在100～1 000 km²的河流共有18条，河宽5 m以上的河流1 368条；河流总长5 597.36 km，河道密度达到0.75 km/km²。

（七）植被

广州土壤肥沃，气候温暖湿润，东北部山地森林资源丰富，地带性植被是南亚热带季

风常绿阔叶林。此外，广州植被的组成种类丰富，群落结构比较复杂，植被具有明显的热带－亚热带过渡性质。

据2019年最新调查结果，广州森林植被特点如下：原生植被不复存在；地带性植被为南亚热带低地常绿阔叶林；自然次生林仅残存于少数村边"风水林"和中山山地常绿阔叶林中；广大丘陵低山地区以人工林为主，仅在局部还有少量的以黧蒴等为优势种的次生林及马尾松针阔叶混交林等。

广州的自然条件为多种动物栖息繁衍和植物生长提供了良好的生态环境。生物种类繁多，生长快速。广州植被涵盖的主要科有壳斗科、樟科、山茶科、大戟科、桃金娘科、桑科、梧桐科、杜英科、金缕梅科、山矾科、冬青科等，以热带、亚热带的科、属为主。

广州的植物资源主要分布在北部山区，其种类占广州植物种类总数的85%以上。广州目前有维管植物3 508种（包括种下等级），其中石松类植物2科5属11种，蕨类植物23科73属163种，裸子植物8科20属34种，被子植物197科1 264属3 300种（包括外来入侵植物和常见栽培种），植物区系呈明显的热带亚热带特性。

二、资源评价

（一）整体特征

广州在动物地理区划上属东洋界华南区闽广沿海亚区。2017年9月至2019年5月共6期的广州市第二次陆生野生动植物资源本底调查共记录到陆生脊椎动物457种，结合相关历史文献则达611种。在区系上以东洋界为主，有398种，占65.14%；古北界有182种，占29.79%；广布种有29种，占4.74%；未分类有2种，占0.33%。

在全部的611种中，国家一级重点保护野生动物15种：鼋 *Pelochelys cantorii*、黑脸琵鹭 *Platalea minor*、青头潜鸭 *Aythya baeri*、东方白鹳 *Ciconia boyciana*、白尾海雕 *Haliaeetus albicilla*、小青脚鹬 *Tringa guttifer*、黄胸鹀 *Emberiza aureola*、小灵猫 *Viverricula indica* 等；国家二级重点保护野生动物86种：虎纹蛙 *Hoplobatrachus chinensis*、平胸龟 *Platysternon megacephalum*、蟒蛇 *Python bivittatus*、白琵鹭 *Platalea leucorodia*、黑冠鹃隼 *Aviceda leuphotes*、仙八色鸫 *Pitta nympha*、斑林狸 *Prionodon pardicolor*、豹猫 *Prionailurus bengalensis* 等；广东省重点保护陆生野生动物81种：梅氏壁虎 *Gekko melli*、白鹭 *Egretta garzetta*、黑水鸡 *Gallinula chloropus*、赤麂 *Muntiacus vaginalis* 等。

（二）两栖类

1. 物种组成

2017年9月至2019年5月共6期的野外调查共记录到两栖动物1目7科28种，结合广州市第一次陆生野生动植物资源本底调查、历次有关广州的动物调查及相关文献，广州已有记录的两栖动物共2目8科39种。

2. 区系特征

广州已有的39种两栖动物，全部为东洋界物种。其中，东洋界华南区物种分别有香港瘰螈 *Paramesotriton hongkongensis*、短肢角蟾 *Xenophrys brachykolos*、华南雨蛙 *Hyla*

鹭、东方白鹳、小青脚鹬、鹊鹂 *Oriolus mellianus*、黄胸鹀；被 IUCN 列入易危等级（VU）的有 7 种，分别是花田鸡 *Coturnicops exquisitus* 等；被 IUCN 列入近危等级（NT）的有 10 种，分别是白眼潜鸭等。

4. 新记录

本次广州本底调查中广州新记录到的鸟类达 35 种，包括白尾海雕、花脸鸭、红嘴巨鸥 *Hydroprogne caspia*、棕腹杜鹃 *Cuculus nisicolor* 等。其中，森林区 2 种，农田区 10 种，湿地区 23 种。

（五）哺乳类

1. 物种组成

2017 年 9 月至 2019 年 5 月共 6 期的野外调查共记录到哺乳动物 58 种，分属 6 目 15 科，结合广州市第一次陆生野生动植物资源本底调查、历次有关广州的动物调查及相关文献，广州共记录到哺乳动物 81 种。调查所得小型哺乳动物中以啮齿目居多，该目中又以鼠科居多。大中型哺乳动物中，以食肉目种数居多，而实际观察到的个体数量以偶蹄目猪科居多。

2. 区系特征

广州记录的 81 种哺乳动物中，东洋界物种 69 种，古北界物种 4 种，广布种 8 种。广州市哺乳类的区系体现出东洋界占主导的特点。

3. 保护动物

广州记录到的 81 种哺乳动物中，国家一级重点保护野生动物 4 种，即云豹 *Neofelis nebulosa*、大灵猫 *Viverra zibetha*、小灵猫和中华穿山甲 *Manis pentadactyla*；国家二级重点保护野生动物 9 种，即猕猴 *Macaca mulatta*、黄喉貂 *Martes flavigula*、水獭 *Lutra lutra*、斑林狸、豹猫和水鹿 *Rusa unicolor* 等；广东省重点保护陆生野生动物 7 种，即彩蝠 *Kerivoula picta*、赤麂、小麂 *Muntiacus reevesi*、红颊獴 *Herpestes javanicus*、食蟹獴 *Herpestes urva*、红背鼯鼠 *Petaurista petaurista* 和中国豪猪 *Hystrix hodgsoni*，被列入 CITES 附录 I 的物种有 5 种，分别是中华穿山甲、水獭、斑林狸、云豹和中华鬣羚 *Capricornis milneedwardsii*；被列入 CITES 附录 II 的物种有 2 种，即猕猴和豹猫；被 IUCN 列入极危等级（CR）的有 1 种，即中华穿山甲；被 IUCN 列入易危等级（VU）的有 2 种，即云豹和水鹿；被 IUCN 列为近危等级（NT）的有 5 种，即大足鼠耳蝠 *Myotis pilosus*、亚洲长翼蝠 *Miniopterus fuliginosus*、水獭、猪獾 *Arctonyx collaris* 和中华鬣羚。保护动物中的云豹、大灵猫、中华穿山甲、黄喉貂、水獭、赤狐 *Vulpes vulpes*、貉 *Nyctereutes procyonoides*、中华鬣羚、食蟹獴和红颊獴在 2017—2019 年的调查中未记录到实体。

三、评价与建议

（一）评价

广州集山、水、林、田、湖、海于一体，且位于候鸟重要的迁徙路线上，其野生动物组成也呈现出与此相对应的特点。广州也是我国城市化发展较快的地区，该过程对动物的影响也日渐明显，除对生境斑块化和破碎化的影响外，也直接导致一些动物的濒危，甚至消失。当前人们保护意识增强，生态保护力度加大，也促进了野生动物资源的保护和恢复。广州野生动物现状具体如下。

（1）山、水、林、田、湖、海的有机结合，使得广州地区野生动物生存环境和栖息地呈现多样化，野生动物资源丰富，在占地面积不到广东省5%的情况下，陆生脊椎动物种类可占到约50%，充分说明广州野生动物资源的丰富性和多样性。

（2）生境多样化带来的空间异质性对野生动物分布有着明显的影响，即从北到南呈现出由山地向平原，再向沿海湿地梯度性过渡，从而使得野生动物空间格局随之变化，如在从化山地中多鸣禽，以小型鸟类为主，到南沙区沿海则多水禽，以大型鸟类为主。

（3）从化山地位于九连山山脉南段，一直被看作南岭的余脉，其动物组成与南岭有着一定的联系：在流溪河发现的中华秋沙鸭、鸳鸯 *Aix galericulata*，显示了两物种分布的最南端，这与南岭的地理特点有着一定的关系；中华穿山甲、小灵猫、斑林狸和貉等动物主要栖息在从化山地，与南岭有密切的关系；同时，该区域的陆生脊椎动物在物种组成上与九连山山脉相似度较高。

（4）广州城区不断扩大，而农田和果园不断减少，但森林面积保持较好，总体上资源下降趋势已得到一定的遏制，这与以下两种相反趋势共存，而前者占有主导地位：①在环境保护较好地区，野生动物资源，特别是鸟类资源呈上升趋势，且趋势明显，如白云山、从化黄龙带和城市绿地等；②在城市外围扩大地带，野生动物多样性有下降的趋势，部分动物种类消失，如白云机场、增城南部等。

（5）城市中的绿地在野生动物保护中的作用日益增强，一些公园、校园和园区野生动物资源呈上升趋势，特别在野生动物进城工程之后，部分公园野生动物的种类增加量达30%以上，如白云山、广州海珠国家湿地公园、湾咀头湿地公园等。

（二）问题和建议

1. 存在问题

1）部分地区破坏野生动物栖息环境的情况仍有发生

城市化的发展和人类活动强度的加大，使野生动物赖以生存的自然生境受到一定程度的破坏，主要表现在自然湖泊湿地、原生性林地的减少，野生生境受到侵占，压缩了动物的生存空间，影响了野生动物的生存。传统农业和渔业的消失，使大量农田被改为城市用地，如南沙原生湿地已消失等。

2）非法猎捕、经营利用野生动物的违法犯罪活动偶有发生

现在虽然对野生动物的保护力度已有极大加强，相关违法犯罪活动极大减少，但是在管理力量薄弱的地区仍能偶尔见到非法猎捕野生动物的活动，少量地点非法收购、出售、运输、食用野生动物的违法犯罪活动也偶有发生。

3）野生动物的监测与研究尚难以满足当前保护形势的需求

通过两次调查已经基本上能回答广州"有什么"的问题，但由于两次调查时间跨度较大，还难以回答"如何变"的问题。在研究上，对珍稀物种种群动态、行为、进化机制、大区域规律和动物廊道等研究仍缺乏，当前还难以满足在城市化快速发展的情况下有效保护和恢复野生动物的需求。

4）长期的监测机制未完善

目前对野生动物的动态仍未掌握。由于人力和经费的限制，只能将调查重点放在已知的野生动物分布集中区，但一些重要的栖息地、繁殖地、越冬地、停歇地可能被忽视，在一定程度上影响了对野生动物资源的整体分析和把握。

2. 建议

1）建立野生动物重要分布区及名录

国家林业和草原局、农业农村部于2021年2月联合发布公告，公布新调整的《国家重点保护野生动物名录》；广东省林业局也于2021年7月印发新的《广东省重点保护陆生野生动物名录》。相关部门依法依规切实做好了名录调整后的各项实施工作，进一步加大保护力度。建议依照相关名录所列物种的重要自然分布区建立重点区域野生动物名录，落实地方政府责任，确保动物种群及栖息地安全，严防乱捕滥猎野生动物及破坏栖息地行为。广泛开展宣传教育，提高公众对国家重点保护野生动物的科学认知，发动公众自觉抵制违法行为，支持保护工作，形成共同保护的良好局面。

2）加强相关管理执法机制

为有效遏制对野生动物资源的不合理需求，应积极采取各项管理措施，开展猎具清理整顿，收缴捕捉网、猎枪、铁铗等非法猎捕工具，强化对野外资源的保护。继续组织开展野生动物执法检查，严厉打击非法猎捕、出售、收购及走私野生动物的违法犯罪活动。对乱捕滥猎、非法经营野生动物比较严重的地区和问题多发的领域及区域，组织专项打击行动，集中处理大案、要案，确保取得预期成效。

3）开展重要栖息地保护和恢复工作

广州在成功建设森林城市的基础上，建成了珠三角国家森林城市群，提高了野生动物保护能力。一方面除保护地建设和生态修复外，应在原生性溪流、湖泊及滩涂地和沿海湿地等区域开展生态改造和水生动物的恢复工程，为鸟类和其他水生动物提供必要的栖息地；另一方面加强野生动物栖息地保护，在野生动物主要繁殖地、越冬地和中途停歇地等地区划定自然保护区、自然保护小区，促进野生动物资源的恢复与增长；此外，利用森林城市群建设成果，充分依托好城市绿地和公园开展野生动物保护与恢复工作，结合广州野生动物进城工程所积累的经验和技术成果，在森林城市建设中积极提升城市野生动物多样化水平。

4）开展动物廊道建设

广东最先构建具3S网络（Source、Sink、Step-stone，即源、汇、脚踏石）体系的粤港澳大湾区水鸟走廊，以及动物廊道。应继续推进生态廊道建设规范研究与应用，将各保护区域联通，扩大野生动物的生存空间，并为消失的原生物种的重新引入和恢复提供条件，为野生动物提供必要的栖息地。

5）建立动物资源监测和调查长效机制

动物监测和调查是一项长期的工作，要建立资源监测的长效机制，才能全面、准确地对全市野生动物资源动态进行科学评价。因此建议：①利用广州市第二次陆生野生动植物资源本底调查的结果，将动物资源调查与监测、野生动物疫源疫病监测有机结合起来，在已有野生动物资源调查样带的基础上，设置野生动物疫源疫病和动物资源监测站，共同开展野生动物资源监测工作，完善资源监测体系，努力提高资源监测覆盖度。②加强调查、监测人员技能培训，通过对监测点人员培训、建立统一数据库、自行编写软件和使用GIS（地理信息系统）进行统一管理，从而实现既有动物资源监测，又有野生动物疫源疫病监测的功能。③加强与科研队伍的合作，继续开展野生动物资源调查和监测，建立和完善野生动物及其栖息地监测制度，及时掌握野生动物资源动态基础数据，摸清其分布及数量，为保护管理提供科学决策依据。

6）实施珍稀濒危野生动物保护工程

实施珍稀濒危野生动物保护工程，进一步编制专项拯救规划，重点加强黑脸琵鹭、猫科动物、水鹿等珍稀濒危野生动物保护，积极应用先进技术和科学手段，加强抢救性培育，建立和发展人工种群，做好放归自然和恢复种群工作。

7）全市实施有计划的禁猎野生动物措施

2002—2004年，广东省政府实施禁猎3年，取得良好的生态效益和社会效益；2019年，广东省又开始实施禁猎5年（2019—2023年）。为此，广州可借鉴有关经验，进一步加强广州野生动物的保护管理，建议市政府全面实施禁猎野生动物的措施，禁止猎捕、出售、收购和出口野生动物的活动，从而促进广州野生动物资源的保护。

8）在野生动物进城工程成果的基础上，开展全域野生动物资源恢复工作

生态环境的建设强调质量，特别是生态质量，从生态系统和生命网络的角度来考虑生态建设，以动物为重要指标，在建设中以它们的生境需求来指导有关工作。

强调植物树种、动物物种选择的原生性和本土性，实现本土化以真正达到吸引动物生存的目的且减少生态入侵、绿色荒漠化等风险。

有理有节，步步为营，与林业部门现有的保护措施相结合。先从现有原生生态系统的保护和非原生生态系统（如城市森林、公园等）的改造入手，再对已弃用地区（如虾塘、荒山等）进行生态修复和改造，最后扩大到其他地区。

加强重要地区的建设（特别是从化山地、沿海湿地），与林业部门湿地保护工程、野生动物保护工程、天然林保护工程，以及生态公益林保护工程等相结合，并引进香港和国外的经验。

对重要物种采取积极措施加以保护，特别在植被的修复和营造中考虑它们的需求，如白云山林分改造。为此要强调多环境的营造，为各种动物提供一定的栖息环境，如水鹿、云豹的栖息地营造，考虑食物链的恢复。

强调人与自然、人与动物的和谐，以及科研的作用，积极推动本底资源调查和监测。在生态系统建设中，注意对当地人的保护意识、生产方式、日常行为等进行引导，同时开展相应的科研活动，着重就减少当地人生产活动和日常行为中有害内容而增加有益内容等进行研究，使有关的生产和行为具有环境亲和力。

考虑当地人的经济问题，形成替代产业。在提高生态及景观的质量和价值上多做文章，动物将是其中重要的内容，从而提高产品健康环境的附加值（如有机产品），使沿海以养殖为主的单一模式向以环境质量的开发为主的多种经营模式转变，促进当地旅游、休闲产业的发展。

第二章 动物图鉴

一、两栖类

香港瘰螈 *Paramesotriton hongkongensis*

有尾目 CAUDATA 蝾螈科 Salamandridae

　　形态特征 ‖ 体长约 150 mm。背中脊明显，背中央两侧的明显突脊一直伸展至尾前端。趾间无蹼。体呈红色到深咖啡色，腹部的橙色斑纹十分醒目。繁殖期雄螈尾中两侧有蓝色纹。

　　生态习性 ‖ 流水型。栖息于清澈、沙石较多的森林溪流。捕食山坑螺、蚯蚓、水生昆虫等。遇到危险时，会翻转身体装死并发出刺激性臭味。

　　分　　布 ‖ 森林区（仅见于从化三桠塘幽谷）。

张亮©

黑斑肥螈 *Pachytriton brevipes*

有尾目 CAUDATA　蝾螈科 Salamandridae

　　形态特征‖ 体长150～180 mm。头部扁平，头长大于头宽；口裂达眼后角下方；唇褶显著。躯干至尾基浑圆，向后逐渐侧扁，尾末端钝圆。四肢短而弱，彼此贴体相向时，指、趾端不相遇。皮肤较光滑。颈褶明显。活体背面及侧面棕红色；腹面橘黄色或橘红色，有稀少的棕黑色斑纹。

　　生态习性‖ 栖息于海拔1 000 m以上山区林间的山溪。捕食水生昆虫、环节动物。昼夜活动。

　　分　　布‖ 森林区。

侯勉©

莽山角蟾 *Xenophrys mangshanensis*

无尾目 ANURA　角蟾科 Megophryidae

　　形态特征‖ 体长50～100 mm。头较扁平，吻部呈盾形，吻端显著突出于下唇，吻棱很明显，颊部垂直略向内斜；鼓膜清晰，有耳柱骨；上端有齿，有犁骨棱和犁骨齿。背面皮肤光滑，上眼睑外侧中部有一个小肤突；上唇缘有锯齿状乳突。颞褶后部不呈豆状；头后方"V"形细肤棱不显，体背两侧各有一行纵行肤棱；体后和体侧有小疣；腹面皮肤光滑。腋腺小而圆，位于胸侧，有股后腺。

　　生态习性‖ 栖息于海拔400～1 000 m的常绿阔叶林山溪附近。捕食蚯蚓、小型昆虫。夜行性。

　　分　　布‖ 森林区。

张亮©

短肢角蟾 *Xenophrys brachykolos*

无尾目 ANURA　角蟾科 Megophryidae

　　形态特征 ‖ 体长40～70 mm。吻端平切呈盾状，吻向前突出，吻棱呈棱角状。背部皮肤光滑，上唇缘自颊到口角部为浅色纵纹，后肢短，左右跟部不相遇。雄蟾第一、第二指具有细小的黑色婚刺。蝌蚪呈漏斗状，无唇齿，亦无角质颌。

　　生态习性 ‖ 栖息于海拔400 m的常绿阔叶林山溪附近。捕食蚯蚓、小型昆虫。夜行性。

　　分　　布 ‖ 森林区（仅见于广东从化陈禾洞省级自然保护区）。

张韬©

黑眶蟾蜍 *Duttaphrynus melanostictus*

无尾目 ANURA　蟾蜍科 Bufonidae

　　别　　名 ‖ 癞蛤蟆。

　　形态特征 ‖ 体长约80 mm。头部吻端至上眼睑内缘有黑色骨质脊棱。皮肤粗糙，除头顶部无疣，其他部位满布大小不等的疣粒。耳后腺较大，长椭圆形。腹面密布小疣柱，所有疣上有黑棕色角刺。体色一般为黄棕色，具不规则的棕红色花斑。腹面胸腹部的乳黄色区域有深灰色花斑。

　　生态习性 ‖ 陆栖静水型。白天多隐蔽在土洞或墙缝中，夜间在河滩及水塘边活动。捕食各种昆虫、软体动物。夜行性。

　　分　　布 ‖ 森林区、农田区、城市区、湿地区。

张亮©

华南雨蛙 *Hyla simplex*

无尾目 ANURA　**雨蛙科** Hylidae

王力军©

　　形态特征 ‖ 体长20～40 mm。头宽略大于头长；吻圆而高，吻棱明显，吻端和颊部平直向下；鼻孔近吻端，鼓膜圆；舌较圆，后端微有缺刻。指端有吸盘和马蹄形横沟，第三指吸盘略小于鼓膜，第二、第四指等长，指间基部有蹼迹；关节下瘤显著，掌部小疣多。胫跗关节前达眼后角，左右跟部重叠，足短于胫；趾端与指端相同，吸盘略小，外侧三趾间具1/2蹼，内跖突卵圆形，无外跖突。背面皮肤光滑，颞褶斜直较细；内跗褶棱起，腹面遍布平疣。活体背面蓝绿色，体侧和前后肢全无黑色斑点。腹面为乳白色。

　　生态习性 ‖ 栖息于低海拔近水的灌丛、果园或水田中。捕食小型昆虫。夜行性。

　　分　　布 ‖ 森林区、农田区、湿地区。

中国雨蛙 *Hyla chinensis*

无尾目 ANURA　**雨蛙科** Hylidae

　　形态特征 ‖ 体长20～40 mm。头宽略大于头长；吻圆而高，吻棱明显，吻端和颊部平直向下，鼓膜圆，直径约为眼径的1/3；上颌有齿，犁骨齿两小团。背面皮肤光滑；颞褶细，无疣粒；腹面密布颗粒疣，咽喉处光滑。

　　生态习性 ‖ 栖息于低海拔近水的灌丛、果园或水田中。捕食小型昆虫。夜行性。

　　分　　布 ‖ 森林区、农田区、湿地区。

张亮©

长肢林蛙 *Rana longicrus*

无尾目 ANURA 蛙科 Ranidae

　　形态特征‖体长30～40 mm。体窄长，头长大于头宽；吻长而钝尖，上眼睑宽大于眼间距。皮肤光滑，背部和体侧有不明显的疣粒；背侧褶细窄；腹面皮肤光滑。前肢较细弱，后肢细长。

　　生态习性‖栖息于低海拔近水的灌丛、果园或水田中。捕食小型昆虫。夜行性。

　　分　　布‖森林区。

黑斑侧褶蛙 *Pelophylax nigromaculatus*

无尾目 ANURA　**蛙科** Ranidae

　　形态特征 ‖ 体长50～70 mm。头长略大于头宽；吻钝圆而略尖，吻棱不明显。前肢短，后肢较短而肥硕，胫跗关节前达眼部，趾间几乎为全蹼。成体背部为深绿色、黄绿色或棕灰色，具有不规则的黑色斑；腹部白色，无斑。

　　生态习性 ‖ 栖息于水田、池沼。捕食小型昆虫。昼夜活动。

　　分　　　布 ‖ 森林区、农田区、湿地区（人为引入，局部地区已形成归化种群）。

李辰亮©

李辰亮©

台北纤蛙 *Hylarana taipehensis*

无尾目 ANURA 蛙科 Ranidae

形态特征 ‖ 体长30～40 mm。体小而纤细，背部纯绿色，背侧褶金黄色，醒目；股后方有两至三条浅色纵纹，通常是两条深色纵纹和三条浅色纵纹相间。胫跗关节达眼部，后肢长为头体长的1.66倍左右。雄性肱前或肩部无腺体，无声囊。

生态习性 ‖ 栖息于稻田、沼泽或路边的水沟等湿地里。捕食昆虫。昼夜活动。

分　　布 ‖ 森林区、农田区、城市区、湿地区。

张亮©

长趾纤蛙 *Hylarana macrodactyla*

无尾目 ANURA　蛙科 Ranidae

　　形态特征 ‖ 体长30～40 mm。背面颜色变异大，多为鲜绿色、棕黑色或深棕色；鼓膜及体侧棕色；脊线、背侧褶和体侧的断续侧褶均为黄色，以上五条黄色纵纹之间有不规则的黑色斑点。唇缘和颌腺黄色很明显；四肢背面棕色或红黄色，有黑色或深色横纹，股后缘有两至三条黑色纵纹；腹面乳黄色或灰白色。

　　生态习性 ‖ 栖息于稻田、沼泽或路边的水沟等湿地里。捕食昆虫。昼夜活动。

　　分　　布 ‖ 森林区、农田区、城市区、湿地区。

张亮©

沼水蛙 *Hylarana guentheri*

无尾目 ANURA 蛙科 Ranidae

别　　名‖青养。

形态特征‖体长80～100 mm。白色额腺和鼓膜明显。背侧褶粗长。身体背面为黄褐色、灰褐色或暗褐色，腹面淡褐色。雄蛙的前肢基部有一大型瘤状突起，后腿前方和后方具黑褐色大型斑纹。

生态习性‖陆栖静水型。栖息于水田、池畔、溪流，以及排水不良的洼地。白天隐伏在草丛、洞穴或石缝中，偶尔停栖在水边的石头上。捕食昆虫。喜成群出现。昼夜活动。

分　　布‖森林区、农田区、城市区、湿地区。

张亮©

张亮©

阔褶水蛙 *Hylarana latouchii*

无尾目 ANURA 蛙科 Ranidae

    形 态 特 征‖体长30～40 mm。体瘦长，头长大于头宽；趾末端有横沟。背侧褶宽且厚，最宽处比上眼睑略宽，故名"阔褶水蛙"。活体背面棕色或灰棕色。雄蛙具一对咽侧下内声囊，前肢基部有臂腺，第一指内侧有婚垫。

    生 态 习 性‖栖息于山区稻田、沼泽或路边的水沟等。捕食昆虫。昼夜活动。

    分   布‖森林区、农田区、城市区、湿地区。

张亮©

张亮©

粤琴蛙 *Nidirana guangdongensis*

无尾目 ANURA 蛙科 Ranidae

　　形态特征 ‖ 体长40～60 mm。躯体较肥硕。头长略大于头宽，头部扁平。鼓膜大。皮肤较光滑，背侧褶明显，背部后端有少许扁平疣，部分个体背部中央有一条不明显的橙红色纵线，腹面光滑。

　　生态习性 ‖ 栖息于海拔500 m以下的山地、丘陵、湿地、农田及水塘。鸣叫声如二胡。捕食小型昆虫。夜行性。

　　分　　布 ‖ 森林区。

张亮©

张亮©

竹叶臭蛙 *Odorrana versabilis*

无尾目 ANURA 蛙科 Ranidae

  形态特征 ‖ 体长80～100 mm。体不大，头长，吻尖圆，吻棱明显。皮肤光滑，背面浅褐色，有背侧褶，褶外绿色。四肢均细长，后肢股部有横纹。

  生态习性 ‖ 陆栖流水型。栖息于清澈、湍急的溪流边，岩石上，树上。捕食昆虫。夜行性。

  分　　布 ‖ 森林区。

张亮©

大绿臭蛙 *Odorrana graminea*

无尾目 ANURA 蛙科 Ranidae

  形态特征 ‖ 体长80～100 mm，雄蛙显著小于雌蛙。体背部纯绿色，腹白色；体侧有一条黑褐色纵带。指、趾末端均有吸盘，趾间全蹼。皮肤分泌物中含有抗菌肽，带有强烈的刺激性气味。

  生态习性 ‖ 陆栖流水型。栖息于清澈、湍急的溪流边，岩石上，树上。雄蛙长有一对外声囊，鸣声似鸟。捕食昆虫。夜行性。

  分　　布 ‖ 森林区。

张亮©

黄岗臭蛙 *Odorrana huanggangensis*

无尾目 ANURA 蛙科 Ranidae

形态特征‖ 体长80～100 mm。鼓膜大，约为第三指吸盘的2倍；上眼睑、体后背部及后肢背面均无小白刺，体侧无背侧褶。指、趾均具吸盘，纵径大于横径，均有腹侧沟。体背面为绿色，间以棕褐色或褐黑色大斑点，多近圆形并镶以浅色边。

生态习性‖ 陆栖流水型。栖息于清澈、湍急的溪流边，岩石上，树上。捕食昆虫。夜行性。

分　　布‖ 森林区。

张亮©

张亮©

华南湍蛙 *Amolops ricketti*

无尾目 ANURA 蛙科 Ranidae

形态特征 ‖ 体长通常小于60 mm。头扁平，头宽略大于头长；吻端圆，略突出于下唇，多数标本在两眼间前中线上有一突出小白点；吻棱略明显，鼻孔位于吻、眼之间；鼓膜明显或可见；犁骨齿弱小，后端间距窄；舌长椭圆形，后端缺刻深。

生态习性 ‖ 陆栖流水型。栖息于清澈、湍急的溪流边，多见于山溪及附近潮湿处，常借助趾端吸盘将身体吸附在瀑布或急流处的岩壁上。捕食昆虫。夜行性。

分　　布 ‖ 森林区。

张亮©

泽陆蛙 *Fejervarya multistriata*

无尾目 ANURA 叉舌蛙科 Dicroglossidae

别　　名 ‖ 泽蛙。

形态特征 ‖ 体长不超过55 mm。趾间半蹼。吻部较尖，上下唇有六至八条黑色纵纹；两眼间有"V"形斑，肩部一般有"W"形斑，有的还有宽窄不一的青绿色或浅黄色脊线纹。背面灰橄榄色、深灰色或棕褐色，有的杂以赭红色、深绿色斑；无背侧褶，有许多分散排列、长短不一的纵肤棱。雄蛙有灰黑色单咽下外声囊。

潘虎君©

生态习性 ‖ 陆栖静水型。栖息于稻田、水沟、沼泽、菜园等处。捕食昆虫、蚯蚓等。昼夜活动。

分　　布 ‖ 森林区、农田区、城市区、湿地区。

虎纹蛙 *Hoplobatrachus chinensis*

无尾目 ANURA　**叉舌蛙科** Dicroglossidae

别　　名‖田鸡。

形态特征‖体长可超过120 mm。皮肤粗糙，头部及体侧有不规则的深色斑纹。背部呈黄绿色略带棕色，有十几行纵向排列的肤棱，肤棱间散布小疣粒。腹面白色，也有不规则的斑纹，咽部和胸部还有灰棕色斑。前后肢有横斑。这些斑纹看上去略似虎皮，因此得名。趾端尖圆，趾间具全蹼。前肢粗壮，趾垫发达，呈灰色。

张亮©

生态习性‖陆栖静水型。栖息于池塘、农田、水沟。雄蛙具一对外声囊，鸣声似犬。捕食鱼、其他蛙类及小型无脊椎动物。夜行性。

分　　布‖森林区、农田区、湿地区。

邵敏健©

谢辅宇©

张亮©

福建大头蛙 *Limnonectes fujianensis*

无尾目 ANURA　叉舌蛙科 Dicroglossidae

　　形态特征‖ 体长50～60 mm。背面灰棕色或黑灰色，皮肤粗糙，具短肤褶和小圆疣，无背侧褶；背部肩上方有一对"八"字形深色斑，两眼间具有镶浅色边的深色横纹；上下唇缘有黑纵纹；体侧及胯部有浅花斑。

　　生态习性‖ 栖息于山区林间道路两旁的沟坑和积水中。捕食昆虫。夜行性。

　　分　　布‖ 森林区。

潘虎君©　　张亮©　　于勇©

小棘蛙 *Quasipaa exilispinosa*

无尾目 ANURA　叉舌蛙科 Dicroglossidae

　　形态特征 ‖ 体长一般不超过 70 mm。鼓膜隐约可见。全身背面满布大小圆疣或长疣，疣上有细小黑刺。背面棕褐色，散布不规则黄斑；体腹面白色，咽喉处有细密的小斑点。

　　生态习性 ‖ 陆栖流水型。栖息于植被繁茂的山溪内。捕食鱼、小型无脊椎动物。夜行性。

　　分　　布 ‖ 森林区。

张亮©

棘胸蛙 *Quasipaa spinosa*

无尾目 ANURA　叉舌蛙科 Dicroglossidae

　　别　　名 ‖ 石蛙。

　　形态特征 ‖ 雄蛙体长 80～120 mm。全身灰黑色或棕黄色，皮肤粗糙，胸部白色，有大团刺疣，刺疣中央有角质黑刺。雄蛙背部有成行的长疣和小型圆疣，雌蛙背部散布小型圆疣。雄蛙较大，雌蛙较小。

　　生态习性 ‖ 陆栖流水型。栖息于清澈、岩石较多的森林溪流。捕食鱼、小型无脊椎动物。夜行性。

　　分　　布 ‖ 森林区。

张亮©

张亮©

岭南浮蛙 *Occidozyga lingnanica*

无尾目 ANURA 叉舌蛙科 Dicroglossidae

形态特征‖ 体长12～18 mm。头小，头长、头宽几乎相等；吻短而略尖，无吻棱；鼻孔突出，位于吻背面，鼻间距很窄；眼位于头背面上侧方，眼间距窄，小于上眼睑宽；鼓膜不明显而轮廓清晰；无犁骨齿；舌窄长，后端薄而尖；下颌前方有个齿状突。

生态习性‖ 栖息于山区林间道路两旁的沟坑和积水中。捕食昆虫。夜行性。

分　　布‖ 森林区。

潘虎君©

张亮©

锯腿原指树蛙 *Kurixalus odontotarsus*

无尾目 ANURA 树蛙科 Rhacophoridae

形态特征∥体长20～30 mm。体背皮肤粗糙，满布小疣；鼓膜较大，紧接眼后；前臂、跗部和第五指（趾）外侧锯齿状肤突明显；指（趾）端具吸盘和横沟，背面无"Y"形骨迹；胫跗关节前伸可达眼前。

生态习性∥栖息于林区溪流旁阔叶林中或小溪边的树上。捕食昆虫。夜行性。

分　　布∥森林区。

张亮©

张亮©

斑腿泛树蛙 *Polypedates megacephalus*

无尾目 ANURA 树蛙科 Rhacophoridae

别　　名‖ 擒树拐。

形态特征‖ 体长40～50 mm。身体扁平，头部较大，腿细长；趾末端均具有吸盘；身体背部为黄色、橙色或浅棕色，有数条深色纵纹或"X"形深色斑。股部后方和泄殖孔周围有黄色、紫色、棕色等颜色形成的网状斑纹。

生态习性‖ 树栖型。栖息于水塘边的灌丛、农田和草丛中，善于爬树和攀岩。捕食昆虫。夜行性。

分　　布‖ 森林区、农田区、城市区、湿地区。

张亮©

张新旺©

无声囊泛树蛙 *Polypedates mutus*

无尾目 ANURA 树蛙科 Rhacophoridae

    形态特征 ‖ 体长40～50 mm。体色淡而鲜亮，身体背部为浅棕色，有深色纵纹或"X"形深色斑。股后方和泄殖孔周围有黄色、紫色、棕色等颜色形成的网状斑纹。眼内虹彩附近有一金黄色圈。

    生态习性 ‖ 树栖型。栖息于水塘边的灌丛、农田和草丛中，善于爬树和攀岩。捕食昆虫。夜行性。

    分   布 ‖ 森林区。

张亮©

张亮©

大树蛙 *Rhacophorus dennysi*

无尾目 ANURA 树蛙科 Rhacophoridae

于勇ⓒ

形态特征 ‖ 体长50～100 mm。头部扁平，雄蛙头长和头宽几乎相等，雌蛙头宽大于头长；吻端斜尖；眼间距明显大于上眼睑宽；鼓膜大而圆，犁骨齿列强，几乎平直。背面皮肤较粗糙，有小刺粒；腹部和股部密布较大扁平疣；指、趾端均具吸盘和边缘沟。

生态习性 ‖ 栖息于林区溪流旁阔叶林中或小溪边的树上。捕食昆虫。夜行性。

分　　布 ‖ 森林区。

红吸盘棱皮树蛙 *Theloderma rhododiscus*

无尾目 ANURA 树蛙科 Rhacophoridae

形态特征 ‖ 体长20～30 mm。头和背面深棕色，鼻与眼之间、两眼之间和背正中各有一枚黑斑，上颌缘和体侧散有白色细痣粒或细白纹，指（趾）吸盘为橘红色。无犁骨齿。雄性无声囊。

生态习性 ‖ 栖息于海拔1 300～1 350 m的山区。捕食昆虫。夜行性。

分　　布 ‖ 森林区。

廖之铠ⓒ

粗皮姬蛙 *Microhyla butleri*

无尾目 ANURA　姬蛙科 Microhylidae

　　形态特征‖ 体长一般不超过30 mm。背部棕黄色，有葫芦状不规则黑色斑块，皮肤粗糙，密布小疣粒。

　　生态习性‖ 栖息于山丘区林间的湿地、坑洼附近。捕食小型昆虫。昼夜活动。

　　分　　布‖ 森林区。

张亮©　　潘虎君©

饰纹姬蛙 *Microhyla fissipes*

无尾目 ANURA　姬蛙科 Microhylidae

　　形态特征‖ 体长一般不超过30 mm。背部较光滑，只有少量分散的小疣粒，有对称排列的灰棕色斜纹。

　　生态习性‖ 栖息于山丘区林间的湿地、坑洼附近。鸣叫时，咽喉下方的声囊鼓出呈气泡状，发出连续的"吱吱"声。捕食小型昆虫。日行性。

　　分　　布‖ 森林区、农田区、城市区、湿地区。

张亮©

花姬蛙 *Microhyla pulchra*

无尾目 ANURA **姬蛙科** Microhylidae

　　别　　　名‖犁头蛙。

谢辅宇©

　　形态特征‖体长26～30 mm。头宽略大于头长；吻端尖圆，吻棱不明显；皮肤较光滑，有少数分散的小疣粒；腹面皮肤光滑。背面皮肤粉棕色，有若干重叠的倒"T"形黑棕色及浅棕色纹。

　　生态习性‖栖息于山丘区林间的湿地、坑洼附近。捕食小型昆虫。昼夜活动。

　　分　　　布‖森林区、农田区、城市区、湿地区。

小弧斑姬蛙 *Microhyla heymonsi*

无尾目 ANURA **姬蛙科** Microhylidae

　　别　　　名‖黑蒙西氏小雨蛙。

　　形态特征‖体长一般不超过30 mm。背面棕灰色；自两眼间开始到身体后端有两条前后排列的"人"字形深色纹，还有一些与之平行斜出的线纹。背部有一条黄白色纵线，纵线两侧各有一块黑色弧形小斑点。

　　生态习性‖栖息于山丘区林间的湿地、坑洼附近。雄蛙有外声囊，鸣叫时膨胀呈泡状，鸣声低沉。捕食小型昆虫。日行性。

　　分　　　布‖森林区。

于勇©

花狭口蛙 *Kaloula pulchra*

无尾目 ANURA　姬蛙科 Microhylidae

　　别　　　名‖亚洲锦蛙、地牛。

　　形态特征‖体长平均70 mm。皮
肤厚，光滑，但有一些圆形颗粒。背
部棕色，有一个大的深棕色三角形斑。
趾端方形平切状，膨大成吸盘，因此
会爬树。

张亮©

　　生态习性‖栖息于山丘区林间的
湿地、坑洼附近。善挖洞，仅需数秒
钟即可将身体埋入土中。雄蛙鸣叫时
声囊膨胀呈泡状，鸣声低沉。捕食小
型昆虫。夜行性。

　　分　　　布‖森林区、农田区、城市区、湿地区。

花细狭口蛙 *Kalophrynus interlineatus*

无尾目 ANURA　姬蛙科 Microhylidae

　　形态特征‖体长最长可达60 mm。头细小，皮肤粗糙，带有疣粒；背部有数条棕色
纵虚线。能分泌气味强烈的黏液。

　　生态习性‖栖息于山丘区林间的湿地、坑洼附近。捕食小型昆虫。昼夜活动。

　　分　　　布‖森林区。

刘彦鸣©

二、爬行类

中华鳖 *Pelodiscus sinensis*

龟鳖目 TESTUDINES　鳖科 Trionychidae

别　　　名 ‖ 甲鱼。

形 态 特 征 ‖ 背甲长300～400 mm。躯体扁平，呈椭圆形，背腹具甲。通体被柔软的革质皮肤，无角质盾片。体色基本一致，无鲜明的淡色斑点。头粗大，前端略呈三角形。吻端延长呈管状，具肉质长吻突，吻突长约与眼径相等。

生 态 习 性 ‖ 水栖型。栖息于河流、湖泊。捕食鱼、虾等。昼夜活动。

分　　　布 ‖ 森林区。

陈本亮©

平胸龟 *Platysternon megacephalum*

龟鳖目 TESTUDINES　平胸龟科 Platysternidae

别　　　名 ‖ 鹰嘴龟、大头龟。

形 态 特 征 ‖ 背甲长300 mm左右，长椭圆形。龟壳扁平，头大尾长，不能缩入壳内。背甲棕黄色、暗褐色或栗色，腹甲带橘黄色。尾长，几乎与体长相等。趾间有半蹼，既利于陆地爬行，又便于水中游泳。

生 态 习 性 ‖ 水栖型。栖息于山区水流湍急的山涧中。捕食鱼、虾、昆虫。夜行性。

分　　　布 ‖ 森林区。

朱滨清©

乌龟 *Mauremys reevesii*

龟鳖目 TESTUDINES　地龟科 Geoemydidae

别　　　名‖草龟。

形态特征‖背甲长200～300 mm。头顶前部光滑，后部覆以不规则的细鳞。棕色背甲上有三条纵棱。腹甲棕黄色，每一盾片均有黑褐色大斑块。

生态习性‖水栖型。栖息于江河、湖沼或池塘中。捕食蠕虫、螺、虾、鱼，也吃植物的茎、叶等。昼夜活动。

分　　　布‖森林区、湿地区。

张亮©

齐硕©

中华花龟 *Mauremys sinensis*

龟鳖目 TESTUDINES　**地龟科** Geoemydidae

別　　　名∥珍珠龟、绿线草龟。

形态特征∥背甲长180～280 mm。头较小，头背皮肤光滑，有明显黄绿色纵纹自吻端经眼和头侧，沿头背面、腹面向颈部延伸，四肢和尾也布满黄绿色纵纹。

生态习性∥栖息于低海拔的缓流河川或湖泊中。捕食水中植物的茎、叶，也捕食鱼、虾。日行性。

分　　　布∥森林区、湿地区。

何国军©

何国军©

黄喉拟水龟 *Mauremys mutica*

龟鳖目 TESTUDINES　地龟科 Geoemydidae

别　　　名 ‖ 石金钱龟。

形态特征 ‖ 背甲长180～220 mm。眼后沿鼓膜上下各有一条黄色纵纹向后延伸；咽喉处黄色，无斑；头光滑无鳞。

生态习性 ‖ 栖息于山区林间溪涧和湿地，以陆栖为主。主要以昆虫为食，也食植物的果实、叶片。昼夜活动。

分　　　布 ‖ 森林区。

张亮©

张亮©

三线闭壳龟 *Cuora trifasciata*

龟鳖目 TESTUDINES　地龟科 Geoemydidae

别　　　名‖金钱龟。

形态特征‖背甲长200～300 mm。头较细长，头背部蜡黄，顶部光滑无鳞；吻钝，上喙略勾曲；喉、颈浅橘红色，头侧眼后有菱形褐色斑块。背甲红棕色，有三条黑色纵纹，中间一条较长（幼体无），前后缘光滑不呈锯齿状。腹甲黑色，边缘为黄色，背腹甲间、胸盾与腹盾间均借韧带相连，龟壳可完全闭合。腋窝、四肢、尾的皮肤呈橘红色，指、趾间有蹼。

生态习性‖半水栖型。栖息于山区溪涧。杂食，主要以螺、鱼、虾、蝌蚪等水生动物为食。昼夜活动。

分　　　布‖森林区。

莫嘉琪©

莫嘉琪©

地龟 *Geoemyda spengleri*

龟鳖目 TESTUDINES　地龟科 Geoemydidae

　　别　　　名 ‖ 枫叶龟。

　　形态特征 ‖ 背甲长90～150 mm。头小，呈褐色。自吻端两侧沿眼至颈侧有两条镶黑边的黄色线纹。吻端较尖圆，上喙略勾曲。喉有粒状鳞。背甲浅褐色，有三条纵棱，中间的一条最宽，两侧纵棱细短。纵棱间较平，沿纵棱有黑色纹。前后缘盾呈锯齿状，后缘尤为明显。颈盾前窄后宽，腹甲中央黑色，边缘浅黄色。腹甲前缘平切，后缘凹缺。肛盾间有深缺凹。前臀及胫部鳞大，指、趾基部稍具蹼，尾短。四肢浅棕色，有黑色和红色斑纹。

　　生态习性 ‖ 栖息于山区林间溪涧和湿地，以陆栖为主。主要以昆虫、植物的果实和叶片为食。昼夜活动。

　　分　　　布 ‖ 森林区。

张亮©

眼斑水龟 *Sacalia bealei*

龟鳖目 TESTUDINES **地龟科** Geoemydidae

形态特征 ‖ 背甲长120～150 mm，呈长椭圆形。头部光滑无鳞；吻短，前端尖窄，超出下颚，垂直向下达喉缘。背甲灰棕色，满布棕黑色虫纹斑。头后侧有一至两对眼状斑，前面一对不清晰。

生态习性 ‖ 栖息于低山林区水流缓慢、水质清澈的溪流中。主要以鱼、虾及少量植物为食。昼夜活动。

分　　布 ‖ 森林区。

魏伯彦©

魏伯彦©

中国壁虎 *Gekko chinensis*

有鳞目 SQUAMATA 壁虎科 Gekkonidae

别　　名‖中国守宫、壁虎。

形态特征‖体全长100 mm左右。体背腹扁平，身上排列着粒鳞或杂有疣鳞。指、趾端扩展，其下方形成皮肤褶襞，密布腺毛。趾有黏附能力，可在墙壁、天花板或光滑的平面上迅速爬行。尾巴易断，能再生。

生态习性‖陆栖型。栖息于野外或建筑物的缝隙内。捕食各种小型昆虫。夜行性。

分　　布‖城市区、森林区。

张亮©

梅氏壁虎 *Gekko melli*

有鳞目 SQUAMATA 壁虎科 Gekkonidae

形态特征‖体全长150～200 mm。瞳孔垂直，椭圆形，耳孔明显，鼓膜内陷。体背灰色，有四至五个不规则蝙蝠状斑块；尾背灰白色，带有五至七个灰黑色环状横斑；腹面白色。体色会随环境变深或变浅。

生态习性‖陆栖型。栖息于山地、农舍、溪流边的岩石缝隙中、石洞或树洞内，有时也在建筑物的屋檐、墙壁附近活动。主要以各种昆虫为食。夜行性。

分　　布‖森林区（仅见于从化五指山、广东从化陈禾洞省级自然保护区）。

张亮©

黑疣大壁虎 *Gekko reevesii*

有鳞目 SQUAMATA　**壁虎科** Gekkonidae

　　别　　　名 ‖ 蛤蚧、大守宫。

　　形态特征 ‖ 体长 120～160 mm，尾长 100～140 mm。背腹面略扁。头较大，呈扁平的三角形，眼大而突出，位于头部的两侧，无眼睑；上下颌有细小的牙齿。颈部短而粗。全身密生粒状细鳞，背部有明显的颗粒状疣粒，分布在鳞片之间。身体上散布有六至七行呈横行排列的白色、灰白色或灰色斑点，以及砖红色、紫灰色或棕灰色斑点，并密布橘黄色、蓝灰色小圆斑点及不规则的宽横斑。

　　生态习性 ‖ 陆栖型。栖息于山岩或荒野的岩石缝隙、洞穴或树洞内，有时也在人类住宅的屋檐、墙壁附近活动。捕食蝗虫、蟑螂、土鳖、蜻蜓、蛾类、蟋蟀等昆虫，偶尔也吃其他蜥蜴和鸟等。夜行性，白天藏身于洞穴。

　　分　　　布 ‖ 森林区。

张亮©

原尾蜥虎 *Hemidactylus bowringii*

有鳞目 SQUAMATA　**壁虎科** Gekkonidae

　　别　　　名 ‖ 檐蛇。

　　形态特征 ‖ 体全长 80 mm 左右。体背灰色，具五至六条浅褐色纵斑。雄性两侧各具肛股窝 12～17 个，在肛前不相遇。尾圆柱形，无疣棘。尾巴易断，能再生。

　　生态习性 ‖ 陆栖型。栖息于建筑物、农舍、屋檐、树缝内。捕食各种小型昆虫。夜行性。

　　分　　　布 ‖ 城市区、森林区。

潘虎君©

股鳞蜓蜥 *Sphenomorphus incognitus*

有鳞目 SQUAMATA　石龙子科 Scincidae

　　别　　　名∥肥猪冰。

　　形态特征∥体全长120～200 mm，尾长可达躯干长的1.5倍左右。体背部为土黄色；身体两侧边有不规则黑点，由吻部经眼延伸至尾基附近，形成断续、不明显纵带；身体腹面为白色。后腿内侧近股部有一片大鳞，体侧无明显黑纵带。尾巴易断，能再生。

张亮©

　　生态习性∥陆栖型。栖息于2 000 m以下的低海拔平原及山地阴湿草丛中，以及荒石堆或有裂缝的石壁处。捕食昆虫。日行性。

　　分　　　布∥森林区。

铜蜓蜥 *Sphenomorphus indicus*

有鳞目 SQUAMATA　石龙子科 Scincidae

　　形态特征∥体全长160～260 mm。体背面古铜色，背中央有一条断断续续的黑色纹；体侧有一条黑褐色宽纵带。

　　生态习性∥陆栖型。栖息于2 000 m以下的低海拔平原及山地阴湿草丛中，以及荒石堆或有裂缝的石壁处。捕食昆虫。日行性。

　　分　　　布∥森林区。

张亮©

蓝尾石龙子 *Plestiodon elegans*

有鳞目 SQUAMATA **石龙子科** Scincidae

　　形态特征‖ 体全长150～260 mm。成体和幼体背面黑褐色；腹面灰白色。吻端和上下唇浅棕色；体背有五条黄白色纵线纹可达尾部，正中一条纵线纹在顶鳞靠后处分叉，呈断续波浪状向前达吻部。尾部蓝色。

　　生态习性‖ 栖息于山路旁杂草丛中和乱石堆中。捕食昆虫。日行性。

　　分　　布‖ 森林区。

成体　张亮©

亚成体　朱滨清©

中国石龙子 *Plestiodon chinensis*

有鳞目 SQUAMATA **石龙子科** Scincidae

　　别　　名‖ 猪仔蛇。

　　形态特征‖ 体全长250～300 mm。体背棕黄色，体侧黄色，颈侧和体侧有红色小斑点，腹部灰白色。尾巴圆柱形，易断，能再生。

　　生态习性‖ 陆栖型。栖息于低地田野草丛或灌丛中。冬季钻入洞穴中冬眠。捕食昆虫、蚯蚓、蜗牛。日行性。

　　分　　布‖ 城市区、森林区、农田区。

张亮©

吕潇菲©

南滑蜥 *Scincella reevesii*

有鳞目 SQUAMATA 石龙子科 Scincidae

形态特征 ‖ 体全长100 mm左右。细长而略扁，头体长略短于尾长。体背面灰棕色；在两侧纵带之间的背面，自颈部到尾前段有棕褐色或黑褐色小点缀连成链状纵线；两侧纵带下方为蓝灰色或灰白色，多无斑点。尾巴易断，能再生。

生态习性 ‖ 陆栖型。栖息于低山区，以及路旁落叶或林地草丛中。捕食昆虫、蚯蚓。日行性。

分　　布 ‖ 城市区、森林区、农田区。

张亮©

宁波滑蜥 *Scincella modesta*

有鳞目 SQUAMATA 石龙子科 Scincidae

形态特征 ‖ 体全长50～76 mm。背部一般为古铜色，但颜色可随温度与光照变化而发生变化，这可能与其机体的体温调节及逃避天敌机制有关。蜥体的腹面色彩多样，雄性青黄色至鹅黄色，雌性灰黄色且隐泛粉红色。体侧及尾的两侧各有一条黑褐色纵纹，但断尾后的再生尾侧面则无纵纹。另外，体鳞上还缀有一些黑褐色的色素斑点。

生态习性 ‖ 陆栖型。栖息于低山区，以及路旁落叶或林地草丛中。捕食昆虫、蚯蚓。日行性。

分　　布 ‖ 森林区。

张亮©

中国棱蜥 *Tropidophorus sinicus*

有鳞目 SQUAMATA **石龙子科** Scincidae

　　别　　名 ‖ 棱蜥。

　　形态特征 ‖ 体全长 100 mm 左右。头部具明显线纹，背鳞菱形，起棱尖锐。背面深褐色，具黄色斑点；体侧有颜色较浅的黄色斑点。

　　生态习性 ‖ 半水栖型。栖息于山溪或流水旁的浅水潭中、碎石下、杂草丛中。捕食昆虫、蚯蚓、蜗牛。昼夜活动。

　　分　　布 ‖ 森林区。

潘虎君©

张亮©

中国光蜥 *Ateuchosaurus chinensis*

有鳞目 SQUAMATA **石龙子科** Scincidae

　　形态特征 ‖ 体全长 180～220 mm。体背红褐色或灰褐色，有光泽；颈下棕红色；体腹面黄白色。一条棕黑纹自眼伸展到前肢后部；体侧至尾部满布浅色斑点。

　　生态习性 ‖ 栖息于较低海拔山坡的树下、林区的枯枝落叶中或石块下。捕食昆虫。日行性。

　　分　　布 ‖ 森林区、农田区。

李远球©

南草蜥 *Takydromus sexlineatus*

有鳞目 SQUAMATA 蜥蜴科 Lacertidae

别　　名‖草龙。

形态特征‖体全长180～260 mm。体背橄榄棕色或棕红色，尾部颜色稍浅；头侧至肩部上半部分为棕褐色，下半部分为米黄色，一半边缘色深，近于黑色；体侧有镶黑边的绿色圆斑。雄性背面有两条边缘齐整的绿色窄纵纹。尾部具深色斑。

生态习性‖栖息于海拔700～1 200 m的山地林下或草地上。捕食各类小型昆虫。日行性。

分　　布‖森林区。

张亮©

张亮©

古氏草蜥 *Takydromus kuehnei*

有鳞目 SQUAMATA 蜥蜴科 Lacertidae

　　形态特征‖体全长300～400 mm。体背、四肢橄榄色，腹面灰白色。从眼经耳孔沿头侧有一条黑纵线纹，体背两侧亦各有一条黑纵线纹直达尾部。体侧粒鳞黑色。散有黄绿色细斑点。四肢有黑色斑纹，尾部亦有黑色斑点。

　　生态习性‖栖息于海拔400～800 m山区林间的草丛中。捕食各类小型昆虫。日行性。

　　分　　布‖森林区。

张亮©

张亮©

丽棘蜥 *Acanthosaura lepidogaster*

有鳞目 SQUAMATA 鬣蜥科 Agamidae

别　　名‖十字领蜥。

形态特征‖体全长100～300 mm。具眶后棘，但不发达；背鳞中杂有大棱鳞；颈鬣发达，与背鬣不连续，呈锯齿状；尾鳞大于背鳞，起棱；肩前褶明显；后肢贴体，前伸可达吻、眼之间。

生态习性‖栖息于山区林下和灌丛中。捕食蚯蚓等。行动敏捷，常在气温较高的午后外出活动。

分　　布‖森林区。

柳国雄©

变色树蜥 *Calotes versicolor*

有鳞目 SQUAMATA 鬣蜥科 Agamidae

别　　名‖鸡冠蛇、马鬃蛇、雷公狗。

形态特征‖体全长80～90 mm，尾长约为头体长的2倍。头较大，吻端钝圆，吻棱明显。眼睑发达，鼓膜裸露。体背鳞片具棱，呈复瓦状排列，背正中有一列侧扁而直立的鬣鳞。四肢发达，前后肢有五指（趾），均具爪。体浅灰棕色，尾具深浅相间的环纹，眼四周有辐射状黑纹，体色可随环境而变。在繁殖期，雄蜥头部甚至背面为红棕色。

刘彦鸣©

生态习性‖树栖型。栖息于海拔较低地区，活动于山地、平原和丘陵一带的灌丛或稀疏树林下。捕食蟋蟀、蝗虫、鞘翅目昆虫、蜘蛛等。日行性。

分　　布‖城市区、森林区、农田区。

长鬣蜥 *Physignathus cocincinus*

有鳞目 SQUAMATA 鬣蜥科 Agamidae

别　　　名‖水龙。

形态特征‖体全长600～1 100 mm。体背橄榄棕色、灰色或浅棕黑色，可随环境及光线强弱变化改变体色，通常具有灰色或浅黄色镶黑边的斑点，以及三条断续的纵纹。头小体侧扁；背鳞很小，大小一致，起棱，鳞尖朝后上方；喉区鳞片椭圆；颈鬣与背鬣连续，前段鬣鳞着生在皮肤褶上；雄蜥鬣鳞较雌蜥长，呈矛形或镰刀形；背鬣与尾鬣略分开；趾侧具齿样栉状鳞。尾强烈侧扁，被小鳞，尾下鳞较尾背侧鳞大而起强棱。

生态习性‖栖息于有林木、岩石的河流和水沟边，或阴凉的石缝中、竹木上。主要以昆虫、鱼、虾为食，也会捕食其他小型脊椎动物。行动敏捷，发现危险会迅速潜入水中。日行性。

分　　　布‖森林区。

张亮©
张亮©
张亮©
张亮©

钩盲蛇 *Indotyphlops braminus*

有鳞目 SQUAMATA **盲蛇科** Typhlopidae

形态特征 ‖ 体全长100～200 mm。体形较小，形似蚯蚓。眼隐于眼鳞下；全身被相同的平滑鳞片；鼻鳞全裂为两叶。体表具金属光泽。体背黑褐色至黑色，腹面色浅；吻端、肛部和尾尖呈白色。

生态习性 ‖ 栖息于较潮湿的耕作区、林地、草坡或沟渠边的石块下，穴居。捕食双翅目和直翅目昆虫，也捕食小型的环节动物。当翻开石块被发现时，即钻入泥土，一旦被捕，会疯狂地抖动，将尾刺刺向对方的皮肤。夜行性。无毒。

分　　布 ‖ 森林区。

张仿平©

欧鹏©

蟒蛇 *Python bivittatus*

有鳞目 SQUAMATA 蟒科 Pythonidae

别　　名‖缅甸蟒、大南蛇、琴蛇。

形态特征‖体全长3 000~6 000 mm，是我国体形最大的蛇。头较躯体小。吻端扁平，有三对唇窝（热感应器官）。体棕褐色；头背有棕色箭头状斑，体背黄色，满布不规则棕色云状大斑；腹部白色。泄殖腔两侧有一对退化的爪状残肢。

生态习性‖陆栖型。栖息于水边密林的灌丛草莽中，善攀树和游泳，冬天藏身于洞穴。捕食各种鸟、啮齿类动物，以及赤麂、野猪、兔、家禽等。受到威胁时发出"嘶嘶"声或发动扑咬攻击。夜行性。无毒。

分　　布‖森林区。

张亮©

张亮©

棕脊蛇 *Achalinus rufescens*

有鳞目 SQUAMATA **闪皮蛇科** Xenodermatidae

　　形态特征 ‖ 体全长300～400 mm。全身具金属光泽。背面棕褐色，有一条棕色脊纹；腹面米黄色或白色。

　　生态习性 ‖ 栖息于平原、丘陵和山区，具隐匿性。捕食蚯蚓。夜行性。无毒。

　　分　　布 ‖ 森林区。

张亮©

中国钝头蛇 *Pareas chinensis*

有鳞目 SQUAMATA **钝头蛇科** Pareatidae

　　形态特征 ‖ 体全长400～500 mm。头较小，吻端钝，头、颈可区分；躯干略侧扁。有眶前鳞，颊鳞不入眶或仅尖端入眶，前额鳞入眶；背鳞平滑或仅中央几行微起棱。体背面为黄褐色，有细黑点缀连成横纹或网纹。

　　生态习性 ‖ 树栖型，善攀爬。栖息于山区林间。捕食蜗牛、蛞蝓。无毒。

　　分　　布 ‖ 森林区、农田区。

张亮©

横纹钝头蛇 *Pareas margaritophorus*

有鳞目 SQUAMATA **钝头蛇科** Pareatidae

　　形态特征‖ 体全长300 mm左右。头较大，吻钝而圆，头和颈易区别；眼大，瞳孔呈竖椭圆形。体略侧扁。体背深灰色，有不规则黑色横斑。

　　生态习性‖ 陆栖型。栖息于山地、树林。捕食蜗牛、蛞蝓。夜行性。无毒。

　　分　　布‖ 城市区、森林区、农田区。

张亮©

原矛头蝮 *Protobothrops mucrosquamatus*

有鳞目 SQUAMATA **蝰科** Viperidae

　　别　　名‖ 烙铁头、龟壳花蛇。

　　形态特征‖ 体全长1 000～1 600 mm。头较窄长，呈三角形；头背红褐色，有一倒"V"形暗褐色斑；眼后到颈侧有一暗褐色纵线纹；唇缘色浅。头腹面灰白色；体腹面浅棕色。

　　生态习性‖ 栖息于山区和丘陵。捕食鼠、食虫类动物。傍晚常在山路旁、住宅边活动。剧毒。

　　分　　布‖ 森林区。

张亮©

张亮©

越南烙铁头蛇 *Ovophis tonkinensis*

有鳞目 SQUAMATA 蝰科 Viperidae

形态特征‖ 体全长500～1 000 mm。头背黑褐色，鼻鳞上缘黑褐色，鼻孔至颈侧呈浅黑褐色，下缘浅黄色，眼后浅色斑下具一块大黑斑直达颈侧。体背棕黄色，体背中间九行鳞片上具较大的方形棕黑色斑18块，该斑在体前段和体后段彼此相连，在体中段彼此交错排列。腹面灰白色，腹鳞两侧具不规则黑褐色斑。尾部紫灰色，背面中间一行鳞片具白色脊线。

生态习性‖ 栖息于山区和丘陵。主要出没于山区道路旁、林地。捕食鼠、食虫类动物。管牙类毒蛇。

分　　布‖ 森林区（广州市石门国家森林公园、从化三桠塘幽谷）。

张亮©

张亮©

泰国圆斑蝰 *Daboia siamensis*

有鳞目 SQUAMATA　**蝰科** Viperidae

　　别　　　名‖百步金钱豹、百步蛇、泥豹、锁蛇。

　　形态特征‖体全长900～1 200 mm。身体粗壮，尾较短，头略呈三角形。头背小鳞全起棱；背鳞具强棱；中段鳞27～33行。身体背面有三纵行大圆斑。

　　生态习性‖栖息于丘陵、山区的草地、路边、碎石地、稻田、蔗田，有时也会出现在民居附近。捕食小型啮齿类动物和其他食虫类动物。昼夜活动。剧毒。

　　分　　　布‖农田区。

张亮©

白头蝰 *Azemiops kharini*

有鳞目 SQUAMATA　**蝰科** Viperidae

　　形态特征‖体全长400～500 mm。头略扁，呈三角形。头背白色或浅橘黄色，具左右略对称的两条不规则褐色纵纹，从前额鳞处至颈部。头侧橘黄色或白色，眼后具褐色眉纹，眼下上唇鳞亦具褐色斑纹（或不明显）。体、尾背面黑色或紫黑色，略具金属光泽，具十余条橘黄色或橘红色窄横纹，彼此交错排列，部分在背中央处相接。腹面灰白色。幼年和中等体形的个体，头背具明亮的白色，随着年龄的增长，会变成橘黄色，年龄越大橘黄色越明显。

　　生态习性‖栖息于中低海拔、植被茂密的山区，常出没于路旁、沟谷、落叶堆，有时也会出现在居民区附近。捕食小型啮齿类动物和鼩鼱。夜行性。混合毒素。

　　分　　　布‖仅见于从化区吕田镇。

张亮©

白唇竹叶青蛇 *Trimeresurus albolabris*

有鳞目 SQUAMATA　蝰科 Viperidae

　　别　　　名‖青竹蛇、青竹标。

　　形态特征‖体全长800~1 000 mm。头呈三角形；瞳孔垂直，呈橘红色或黄色；眼睛前方有一对颊窝（热感应器官）；颈部明显。背面为草绿色，腹面为黄色，尾巴呈焦红色。雌性颈后沿体侧有黄色纵线，雄性体侧有白色纵线。鼻鳞与第一枚上唇鳞完全愈合或仅有极短的鳞沟；鼻间鳞较大，显著区别于头背的其他鳞片，且彼此相切。

　　生态习性‖树栖、陆栖型。栖息于低海拔山地、林缘、灌丛、竹林的水边。常吊挂或攀绕在与其体色相似的低矮树枝或竹枝上，因此不易被发现。捕食蛙、鼠、蜥蜴、鸟。夜行性。管牙类毒蛇，毒性较强，但一般不致命。

　　分　　　布‖森林区。

张亮©

张亮©

中国水蛇 *Myrrophis chinensis*

有鳞目 SQUAMATA　**水蛇科** Homalopsidae

別　　　名‖ 泥蛇、金边水蛇。

形态特征‖ 体全长 700 mm 左右。背面土黄色，散以略成纵行的黑点；体侧具橙黄色纵线；腹面为灰白色，每一腹鳞的前缘均有黑斑。躯干呈圆柱形，尾较短。

生态习性‖ 水栖型。栖息于稻田、沟渠或池塘等水域。捕食鱼、蛙。昼夜活动。后沟牙类毒蛇，微毒。

分　　　布‖ 城市区、森林区、农田区、湿地区。

谢辅宇©

黑斑水蛇 *Myrrophis bennettii*

有鳞目 SQUAMATA　**水蛇科** Homalopsidae

形态特征‖ 体全长 500～600 mm。背面暗灰色，背中线两侧有暗褐色不规则斑纹，背鳞两外侧各具四行色斑，第一行上缘及第四行下缘灰黑色，形成白色带上下缘的锯齿状纹；腹面白色，各鳞外缘暗灰色，腹鳞中央有黑点。

生态习性‖ 栖息于沿海地区的水田、池沼、沟渠中。主要以鱼为食。夜行性。后沟牙类毒蛇，微毒。

分　　　布‖ 沿海沼泽（仅见于南沙湿地）。

张亮©

墨氏水蛇 *Hypsiscopus murphyi*

有鳞目 SQUAMATA 水蛇科 Homalopsidae

别　　　名‖ 水泡蛇、铅色水蛇。

形态特征‖ 体全长350～474 mm。背面橄榄色，有铅色光泽；腹面黄色，腹鳞两外侧及基部灰黑色，中央散以细黑点。躯干圆柱形，尾较短。鼻间鳞单枚，左右鼻鳞相切，鼻孔背位，眼呈水泡状。

生态习性‖ 水栖型。栖息于水沟及附近地带。捕食鱼、蛙等。夜行性。后沟牙类毒蛇，微毒。

分　　　布‖ 森林区、农田区、湿地区。

张亮©

张亮©

紫沙蛇 *Psammodynastes pulverulentus*

有鳞目 SQUAMATA 屋蛇科 Lamprophiidae

别　　名‖茶斑蛇。

形态特征‖体全长 400 mm 左右。头较大，与颈区分明显，瞳孔直立椭圆形；体细长，中段较粗。背面淡紫褐色、紫褐色、灰褐色、黄褐色、红棕色或咖啡色，有许多不规则的倒"V"形褐色斑纹；腹面淡黄色，密布紫褐色小斑点。

生态习性‖陆栖型。栖息于海拔 600～1 500 m 的平原、丘陵和山区，常见于林下落叶层、灌丛、草丛、石堆、农田、溪边、道旁。捕食蛙、蜥蜴。昼夜活动。后沟牙类毒蛇，微毒。

分　　布‖森林区。

张亮©

张亮©

福建华珊瑚蛇 *Sinomicrurus kelloggi*
有鳞目 SQUAMATA 眼镜蛇科 Elapidae

    形态特征 ‖ 体全长400～600 mm。头背眼后有一黄白色倒"V"形斑；背面紫褐色，有黑色横带，在躯干部有横带19～21条，在尾部有横带3～4条。背鳞光滑，通体15行；腹鳞176～198枚；肛鳞2枚；尾下鳞30～36对。

    生态习性 ‖ 栖息于山区林地落叶层中。主要以小型蜥蜴和小型蛇类为食。夜行性。前沟牙类毒蛇，神经毒素。

    分　　布 ‖ 森林区（仅见于广州市石门国家森林公园）。

张亮©

张亮©

环纹华珊瑚蛇 *Sinomicrurus annularis*

有鳞目 SQUAMATA　眼镜蛇科 Elapidae

　　别　　　名‖中华珊瑚蛇、丽纹蛇、环纹赤蛇。

　　形态特征‖中小型前沟牙类毒蛇。体全长400～500 mm。头较小，与颈区分不明显。眼小。头背黑色，具两条黄白色横纹，前条细，后条宽大。背鳞平滑，通身13行。体、尾背面红褐色，镶黄色边的黑横纹（19～39）＋（0～7）条。腹面黄白色，具不甚规则的黑色横斑，常占约2枚腹鳞宽，在身体前段腹面和尾腹，有的横斑很短，呈圆斑形。体细长，尾短，末端为坚硬的圆锥形尖鳞。

　　生态习性‖陆栖型。栖息于密林、落叶底。捕食小型蛇类。夜行性。神经毒素。

　　分　　　布‖森林区。

柳国雄©

张亮©

眼镜王蛇 *Ophiophagus hannah*

有鳞目 SQUAMATA 眼镜蛇科 Elapidae

别　　名‖过山风、风蛇。

形态特征‖体全长 3 000～4 000 mm。体背面黑褐色；颈背具倒"V"形的黄白色斑纹，无眼镜状斑；躯干和尾部背面有窄的白色镶黑边的横纹。下颌土黄色；体腹面灰褐色，具有黑色线状斑纹。幼蛇斑纹与成体有差异，主要表现为幼蛇吻背和眼前有黄白色横纹，身体黑色，有浅黄色或白色横纹 35 条以上。

生态习性‖陆栖型。栖息于山区密林中，有时亦上树或在溪流附近活动。捕食蛇、蜥蜴。性凶猛，被激怒时身体前 1/3 竖起，发出"呼呼"声。日行性。前沟牙类毒蛇，混合毒素，毒性强烈。

分　　布‖森林区。

舟山眼镜蛇 *Naja atra*

有鳞目 SQUAMATA 眼镜蛇科 Elapidae

别　　名‖饭铲头、万蛇。

形态特征‖体全长1 000～1 800 mm。背面黑色、黑褐色、棕色或暗褐色；颈背有白色眼镜状斑块，喉部白色，没有或具若干白色或黄白色窄横纹；腹部黑色或灰黑色。

生态习性‖陆栖型。栖息于农田、林地、丘陵、村庄附近。捕食各种脊椎动物，包括蛙、蟾蜍、鼠、鸟、蛇等。受惊扰时，前半身竖起，颈部膨扁，露出项背上的白色眼镜状斑纹，并发出"呼呼"的恐吓声。昼夜活动。

分　　布‖城市区、森林区、农田区、湿地区。

张亮©

张亮©

金环蛇 *Bungarus fasciatus*

有鳞目 SQUAMATA 眼镜蛇科 Elapidae

别　　名‖金脚带。

形态特征‖体全长1 000～1 800 mm。头呈椭圆形，与颈区分较不明显。躯干横切面略呈三角形，尾末端圆钝。头背黑褐色，枕部有浅色倒"V"形斑。通身有黑黄相间的环纹，背鳞正中一行脊鳞扩大成六角形。

生态习性‖陆栖型。栖息于海拔180～1 000 m的平原或低山，植被覆盖较好的近水处。捕食蛇、蜥蜴、蛙、鼠。性温顺，行动迟缓。夜行性。剧毒。

分　　布‖森林区。

岑鹏©

张亮©

银环蛇 *Bungarus multicinctus*

有鳞目 SQUAMATA　眼镜蛇科 Elapidae

　　别　　　名‖ 银脚带、过基峡。

　　形态特征‖ 体全长约1 000 mm。通体背面具黑白相间的环纹；腹面全为白色。背鳞正中一行脊鳞扩大成六角形。上颌骨前端有一对前沟牙。

　　生态习性‖ 陆栖型。栖息于平原、丘陵或山麓近水处，常在田边、路旁、坟地及菜园等处被发现。捕食蛙、蜥蜴、蛇、鱼、鼠。夜行性。剧毒。

　　分　　　布‖ 森林区、农田区。

张亮©

张亮©

绿瘦蛇 *Ahaetulla prasina*

有鳞目 SQUAMATA 游蛇科 Colubridae

别　　名‖菱头蛇、蓝鞭蛇、鹤蛇。

形态特征‖体全长2 000 mm以上。头大而细长，吻尖，颈细，瞳孔呈横裂缝，头侧眼前方各有一条纵沟；体修长，略侧扁；尾细长，呈鞭状。体背面暗绿色；腹面淡绿色，腹鳞两侧各有一条黄白色纹。

生态习性‖栖息于山区林中。捕食蛙、蜥蜴、鸟。尾具缠绕性。从树洞或树上吸取雨水和露水。受惊时颈部竖起呈"S"形，但不主动攻击。白天活动。后沟牙类毒蛇，微毒。

分　　布‖森林区。

张亮©

张亮©

张亮©

绞花林蛇 *Boiga kraepelini*

有鳞目 SQUAMATA　**游蛇科** Colubridae

　　形态特征 ‖ 体全长 1 200 mm 以上。头大颈细，头略呈三角形。背鳞略扩大，斜排；颞鳞细。体棕褐色；体背正中具一行外缘镶白色边的黑色斑。具后沟牙。

　　生态习性 ‖ 树栖型，具缠绕性。栖息于山区、丘陵的林区或灌丛中。捕食蜥蜴、鸟卵等。夜间活动。有毒。

　　分　　布 ‖ 森林区。

张亮©

繁花林蛇 *Boiga multomaculata*

有鳞目 SQUAMATA　**游蛇科** Colubridae

　　形态特征 ‖ 体全长 800～1 800 mm。体背面浅棕色或灰褐色，有四行近圆形的黑色斑交错排列，内侧两行较大，外侧两行相对较小，下部还有一些小黑斑。头顶有"八"字形黑色斑；头侧自鼻孔沿眼至口角有一条黑色斑纹。体腹面灰白色，腹鳞上散有浅褐色斑。

　　生态习性 ‖ 树栖型，具缠绕性。栖息于山区、丘陵的林区或农田附近灌丛中。捕食蜥蜴、鸟卵等。夜间活动。有毒。

　　分　　布 ‖ 森林区、农田区。

蔡汉章©

台湾小头蛇 *Oligodon formosanus*

有鳞目 SQUAMATA 游蛇科 Colubridae

　　别　　名 ‖ 赤背松柏根、秤杆蛇。

　　形态特征 ‖ 体全长约950 mm。头小而呈椭圆形，吻端较短。颜色差异较大，体背呈黄色、紫棕色或灰色，个别背部中央有一条砖红色纵纹自颈部延伸至尾部，腹面为灰白色。头顶有一明显的褐色"灭"字形斑纹。

　　生态习性 ‖ 陆栖型。栖息于林地及灌丛。主要以蜥蜴卵、蛇卵为食，亦捕食蛙、蜥蜴、小型啮齿类动物。昼夜活动。无毒。

　　分　　布 ‖ 城市区、森林区、农田区。

张亮©

潘虎君©

紫棕小头蛇 *Oligodon cinereus*
有鳞目 SQUAMATA 游蛇科 Colubridae

    形态特征 ‖ 体全长380～490 mm。头背面、眼间和颈部无斑纹。背面为棕红色，许多背鳞边缘黑色，相互交织成波浪状横纹。腹面黄白色，无斑点。

    生态习性 ‖ 栖息于山区草丛中。喜较干旱的环境。捕食蛇卵，也捕食蜘蛛、鞘翅目昆虫的幼虫。昼夜活动。无毒。

    分　　布 ‖ 森林区。

张亮©

滑鼠蛇 *Ptyas mucosus*

有鳞目 SQUAMATA 游蛇科 Colubridae

　别　　名‖草锦蛇、水律蛇、长标蛇。

　形态特征‖体全长一般在1 800 mm以上，有的可达2 500 mm。体背面黄褐色，身体后部有不规则的黑色横纹，横斑至尾部形成网纹；腹面前段红棕色，后段淡黄色。头黑褐色，眼大而圆。

　生态习性‖陆栖型。栖息于海拔800 m以下的山区、丘陵、平原地带，常出现在坡地、田基、沟边，以及居民点附近。捕食蟾蜍、蛙、蜥蜴、鼠和其他蛇类，喜食鼠。每年11月至翌年3月冬眠。性较凶猛，攻击速度快，畏人。日行性。无毒。

　分　　布‖森林区、农田区。

张亮©

张亮©

灰鼠蛇 *Ptyas korros*

有鳞目 SQUAMATA **游蛇科** Colubridae

别　　名‖黄梢蛇、过树榕。

形态特征‖体全长通常大于 1 000 mm。眼大而圆。体背面棕褐色或橄榄灰色，躯干后部和尾背鳞片边缘黑褐色，整体略显网纹；上唇和头背面灰褐色；腹面淡黄色。

生态习性‖树栖、陆栖型。栖息于丘陵和平原地带，主要在田基、路边、沟边的灌木林中活动，水田、溪流、溪边石上或草丛中也可见到。捕食蛙、蜥蜴、鸟、鼠。昼夜活动。无毒。

分　　布‖森林区、农田区。

张亮©

岑鹏©

乌梢蛇 *Ptyas dhumnades*

有鳞目 SQUAMATA 游蛇科 Colubridae

　　形态特征‖ 体全长 1 800～2 000 mm。体背棕黑色或黑色，背脊两侧各有一条纵贯全身的黑色线纹，成年个体黑色线纹在体后段逐渐不明显。前段背鳞鳞缘黑色，形成黑色网纹斑。腹鳞多为土黄色，前段色浅，后段色深。

　　生态习性‖ 栖息于平原、丘陵和山区林地。捕食鱼、蛙、蜥蜴、啮齿类动物。日行性。无毒。

　　分　　布‖ 森林区。

张亮©

张亮©

翠青蛇 *Ptyas major*

有鳞目 SQUAMATA　**游蛇科** Colubridae

　別　　　名‖青蛇。

　形态特征‖体全长约1 000 mm。身体细长，头呈椭圆形，略尖，头部鳞片大，和竹叶青蛇的细小鳞片有明显的区别。全身平滑有光泽，体色为翠绿色，头部腹面及躯干部的前端腹面为淡黄色或微呈绿色。尾细长。眼大，黑色。

　生态习性‖树栖、陆栖型。栖息于中低海拔的山区、丘陵和平地，常于草木茂盛或荫蔽潮湿的环境中活动。盛夏季节，白天在树上静伏纳凉，夜间才下地搜捕蚯蚓、昆虫。性温和，不攻击人，野外见到不明物体时会迅速逃走。昼夜活动。无毒。

　分　　　布‖森林区。

张亮©

张亮©

黑眉锦蛇 *Elaphe taeniura*

有鳞目 SQUAMATA 游蛇科 Colubridae

　别　　　名‖ 菜花蛇、广花蛇。

　形 态 特 征‖ 体全长2 000～2 500 mm。眼后有一条明显的黑色斑纹延伸至颈部，状如黑眉，所以有"黑眉锦蛇"之称。背面呈棕灰色或土黄色（地域不同颜色也不同），从体中段开始两侧有明显的黑色纵带直至末端为止，体后具有四条黑色纹延至尾梢。腹部灰白色。

　生 态 习 性‖ 陆栖型。栖息于灌丛和树林。捕食鸟、鼠、蝙蝠、蜥蜴。日行性。无毒。

　分　　　布‖ 森林区。

岑鹏©

岑鹏©

紫灰锦蛇 *Oreocryptophis porphyraceus*

有鳞目 SQUAMATA 游蛇科 Colubridae

别　　名‖红竹蛇。

形态特征‖体全长约1 000 mm。体背紫灰色或紫铜色，腹面淡紫色、淡棕色或玉白色。头背面两侧的黑色短纵纹向后延伸至体表边缘的深色横斑块，体侧有一条黑色纵线纹。幼蛇的横斑块色深。

生态习性‖陆栖型。栖息于海拔200～2 400 m的山区林缘、路旁、耕地、溪边及居民点。捕食小型哺乳动物、蜥蜴。昼夜活动。无毒。

分　　布‖森林区。

张亮©

于勇©

三索锦蛇 *Coelognathus radiatus*

有鳞目 SQUAMATA 游蛇科 Colubridae

　　别　　　名‖三索线、三索蛇、泥广。

　　形态特征‖体全长1 500～2 000 mm。背面灰色或黄色；眼睛后面有三条黑色放射状线纹；体前半段两侧各有三条黑色纵纹，上面两条较宽，下面一条为虚线状，后半段无线纹。

　　生态习性‖陆栖型。栖息于海拔700 m以下的山地、平原、丘陵地带，常见于田野、山坡、草丛、石堆、路边、池塘边，有时还闯进居民点。11月至翌年3月冬眠。捕食鼠、鸟。日行性。无毒。

　　分　　　布‖森林区。

张亮©

张亮©

黄链蛇 *Lycodon flavozonatum*

有鳞目 SQUAMATA　**游蛇科** Colubridae

　　形态特征‖体全长 800～1 200 mm。头、体背面黑色，枕部有块黄色"八"字形斑，前端达顶鳞，后端延伸至口角后方；横纹在外侧第五行背鳞处分叉延伸至腹鳞，尾后的横纹分叉不明显。腹面白色，腹鳞具侧棱，两侧缘具黑色斑；尾下鳞满布黑色斑。

　　生态习性‖喜攀爬，能树栖。栖息于林区。捕食蜥蜴、蛇。喜夜间活动。无毒。

　　分　　布‖森林区。

张亮©

张亮©

福清白环蛇 *Lycodon futsingensis*

有鳞目 SQUAMATA　游蛇科 Colubridae

形 态 特 征‖ 体全长800～1 000 mm。头背黑褐色（幼蛇为白色，随年龄增长，颜色逐渐变深），体背黑色，具浅色环纹19～33个，环纹颜色随年龄发生变化（幼体为白色，亚成体为粉红色，成体为灰白色）。

生 态 习 性‖ 陆栖型。栖息于海拔 400～1 500 m的山区和丘陵地带，多在溪边、落叶堆、路旁。捕食蛇、蜥蜴、小型哺乳动物。性凶猛。夜行性。无毒。

分　　　布‖ 森林区。

张亮©

张亮©

细白环蛇 *Lycodon subcinctus*

有鳞目 SQUAMATA **游蛇科** Colubridae

　　形态特征‖体全长约700 mm。头灰色；身体背面黑色，成体前半身有六至八个白色环纹，后半身灰黑色；腹面全为白色。

　　生态习性‖陆栖型。栖息于山边、树林。捕食蜥蜴、壁虎。夜行性。无毒。

　　分　　布‖城市区、森林区。

张亮©

张亮©

钝尾两头蛇 *Calamaria septentrionalis*

有鳞目 SQUAMATA 两头蛇科 Calamariidae

别　　名‖两头蛇。

形态特征‖体全长300～400 mm。体形
小，呈圆柱形；眼小，鼻小；无颊鳞、鼻间鳞，
无颊；尾钝圆，色斑似头。体两侧各有一条由
白色斑点组成的线纹；尾部中央有一条黑线纹。
与尖尾两头蛇的主要区别：额鳞长宽相等，尾
端钝圆。

生态习性‖穴居型。栖息于山区、丘
陵、平原中较潮湿的环境，匿居于泥土下。捕
食蚯蚓，可能还捕食蚁类等。无毒。

分　　布‖森林区。

黑头剑蛇 *Sibynophis chinensis*

有鳞目 SQUAMATA 剑蛇科 Sibynophiidae

别　　名‖黑头蛇。

形态特征‖体全长578 mm。头背面为暗黑色，头后有两块黑斑；头腹部呈黄白色，
亦间杂黑褐色细斑；背部暗褐色或深棕色，头后至体后的背正中有一条棕褐色线纹；腹部
灰绿色或灰白色。

生态习性‖陆栖型。栖息于海拔600 m的山区林地。捕食小型蜥蜴、小型蛇类、昆
虫。常在山脚下靠近溪流处和草多石乱之地出没，较难被发现。日行性。无毒。

分　　布‖森林区。

崇安斜鳞蛇 *Pseudoxenodon karlschmidti*

有鳞目 SQUAMATA　**斜鳞蛇科** Pseudoxenodontidae

　　形态特征 ‖ 体全长500～1 100 mm。体色变异较大。头背顶端红褐色，头背灰色，无斑纹。颈部背面有块明显的箭形黑斑，黑斑外缘有宽约一枚鳞片大的白色细纹。背鳞起棱，体前段背鳞斜排。腹面灰白色。

　　生态习性 ‖ 栖息于高山森林中。主要以蛙为食。日行性。无毒。

　　分　　布 ‖ 森林区、湿地区。

张亮©

张亮©

丽纹腹链蛇 *Hebius optatum*

有鳞目 SQUAMATA 水游蛇科 Natricidae

　　形态特征 ‖ 体全长400～550 mm。头颈背面暗棕红色，头部前半部杂有少数黑褐色虫纹斑，在顶鳞中部近切缝处有一对镶黑边的椭圆形米黄色斑；眼后各有一条白色线纹。

　　生态习性 ‖ 栖息于海拔700～1 670 m的林地。捕食鱼。日行性。无毒。

　　分　　布 ‖ 湿地区。

张亮©

张亮©

白眉腹链蛇 *Hebius boulengeri*

有鳞目 SQUAMATA **水游蛇科** Natricidae

形态特征‖ 体全长500 mm左右。头背棕褐色，密布灰黑色虫纹。最明显的特征是双眼后各有一条白色眉纹延伸至枕侧。体背面灰黑色，具一对浅色侧纵纹。

生态习性‖ 陆栖型。栖息于海拔600～1 240 m的山谷、稻田、溪边或阴湿的乱石树丛中。捕食鱼、蛙、蝌蚪。夜行性。无毒。

分　　布‖ 森林区。

张亮© 　张亮©

坡普腹链蛇 *Hebius popei*

有鳞目 SQUAMATA **水游蛇科** Natricidae

形态特征‖ 体全长300～400 mm。体中段背鳞19行；头背土红色，近口角处有一浅色圆斑，枕侧另有一较大的浅色椭圆形斑。

生态习性‖ 栖息于低山的溪流或其他水体边。捕食蛙。日行性。无毒。

分　　布‖ 森林区、湿地区。

张亮©

草腹链蛇 *Amphiesma stolatum*

有鳞目 SQUAMATA 水游蛇科 Natricidae

  别 名‖ 黄头龙、花浪蛇。

  形态特征‖ 体全长 900 mm 左右。全身链状花纹交织，体色斑驳，体背侧有两条黄色的线纵贯到尾端。幼体头和颈呈红色，随年龄增长逐渐变黄，最后和身体其他部分一样变成灰色。

  生态习性‖ 陆栖型。栖息于农田、林缘、水边、草丛、沼泽。捕食蛙、鱼，幼蛇也捕食蝌蚪。日行性。无毒。

  分 布‖ 森林区、农田区。

张亮©

张亮©

海勒颈槽蛇 *Rhabdophis helleri*

有鳞目 SQUAMATA 水游蛇科 Natricidae

别　　名‖ 红脖游蛇、红脖颈槽蛇。

形态特征‖ 中小型毒蛇。体全长700～1 000 mm。头椭圆形，与颈区分明显。颈背正中两行背鳞间具一个纵行浅凹槽，颈部及体前段猩红色。眼较大，瞳孔圆形。颊鳞1枚。眶前鳞1枚，眶后鳞3枚或4枚，个别为2枚。上唇鳞8枚，少数为9枚，下唇鳞10枚，个别为9枚。通身背面橄榄绿色，背鳞19-19-17行，全部具棱或仅最外行平滑。腹面黄白色。受到惊扰时，体前段膨扁，颈部及体前段猩红色更加醒目。口腔内的达氏腺和颈背的颈腺的分泌物有毒。

生态习性‖ 陆栖型。栖息于海拔1 600 m以下的中低山，常在山地、丘陵的溪流边及林地边缘活动。捕食两栖动物。日行性。有毒。

分　　布‖ 森林区、农田区。

山溪后棱蛇 *Opisthotropis latouchii*

有鳞目 SQUAMATA 水游蛇科 Natricidae

形态特征‖ 体全长300～400 mm。头小；吻钝圆；背面橄榄绿色或棕黄色，头背颜色略深；体背和体侧背鳞左右两侧缘黑色，连成黑黄相间的纵线纹。腹面淡黄色，无斑；尾下鳞有棕黑色斑纹。

生态习性‖ 半水栖型。栖息于山区溪流附近。捕食蚯蚓，小型鱼、虾。白昼隐藏于岩洞、石下、沙砾或杂草中，夜间外出觅食。无毒。

分　　布‖ 森林区。

挂墩后棱蛇 *Opisthotropis kuatunensis*

有鳞目 SQUAMATA 水游蛇科 Natricidae

　　形态特征‖体全长300～400 mm。体背面棕黄色；背鳞外侧第六行上半片和第七行下半片呈黑色，它们前后缀连成纵纹；背鳞最外两行和腹鳞土黄色，无斑纹。

　　生态习性‖半水栖型。栖息于山区溪流附近。捕食蚯蚓，小型鱼、虾。白昼隐藏于岩洞、石下、沙砾或杂草中，夜间外出觅食。无毒。

　　分　　布‖森林区。

张亮©

香港后棱蛇 *Opisthotropis andersonii*

有鳞目 SQUAMATA 水游蛇科 Natricidae

　　形态特征‖体全长280～400 mm。身体橄榄绿色，背鳞两侧边缘均具有一条黑色线纹。最外行背鳞和腹鳞浅黄色。头腹面黄色。

　　生态习性‖半水栖型。栖息于山区溪流附近。捕食蚯蚓，小型鱼、虾。白昼隐藏于岩洞、石下、沙砾或杂草中，夜间外出觅食。无毒。

　　分　　布‖森林区。

张亮©

张亮©

环纹华游蛇 *Trimerodytes aequifasciata*

有鳞目 SQUAMATA **水游蛇科** Natricidae

    别   名‖打渔公。

    形态特征‖体全长500～900 mm。体形粗大，头颈区分明显。躯体棕褐色，其上环纹在体侧交叉形成"X"形斑；背鳞起棱；体腹面灰白色，杂有浅褐色斑纹；幼体躯体色斑更明显。

    生态习性‖栖息范围较广，平原、丘陵和山区的溪流中都能见到。捕食鱼、蛙。性凶猛。白昼活动。无毒。

    分   布‖森林区。

张亮©

张亮©

乌华游蛇 *Trimerodytes percarinata*

有鳞目 SQUAMATA 水游蛇科 Natricidae

别　　名‖水蛇。

形态特征‖体全长约 1 000 mm。头卵圆形，吻钝圆。背面灰橄榄色、深灰色，自颈部至尾部有不太明显的黑色环纹，体侧每两条不明显的黑纹合为一道明显的黑横斑，并延伸至腹面呈环状。腹面前段黄白色，无斑，后段及尾下灰白色或具暗灰色点斑。

生态习性‖水栖型。栖息于溪沟。捕食两栖动物、鱼。昼夜活动。无毒。

分　　布‖森林区。

张亮©

黄斑渔游蛇 *Fowlea flavipunctatus*

有鳞目 SQUAMATA 水游蛇科 Natricidae

别　　名‖草花蛇。

形态特征‖体全长700～1 000 mm。头长椭圆形。背面为橄榄绿色、黄褐色或橘黄色；头背灰绿色，眼下至唇边有两条短黑纹，颈部有一块"V"形黑斑；腹面白色或黄白色，腹鳞基部黑色，整个腹面呈现等距离的黑横纹。

张亮©

生态习性‖半水栖型。栖息于山区、丘陵、平原及田野的河湖和水塘边。捕食鱼、蛙、蟾蜍、鼠等。能在水中潜游，性凶猛。受到惊吓时，身体前部抬起，做出攻击姿势。昼夜活动。无毒。

分　　布‖城市区、森林区、农田区、湿地区。

三、鸟类

普通鸬鹚 *Phalacrocorax carbo*

鹈形目 PELECANIFORMES 鸬鹚科 Phalacrocoracidae

别　　名‖ 鱼鹰、水老鸭、海鹈鸬鹚、黑鱼郎、水老鸦、乌鬼、雨老鸦。

形态特征‖ 体长约 90 cm。背部羽毛黑色有光泽，嘴厚重，脸颊及喉白色。繁殖期颈及头饰以白色丝状羽为主，两胁具白色斑块。亚成鸟深褐色，下体污白色。雌雄同色。

生态习性‖ 栖息于河流、湖泊、池塘、水库。常结小群活动，善游泳和潜水。主要以鱼为食。

分　　布‖ 湿地区。

袁倩敏©

灰雁 *Anser anser*

雁形目 ANSERIFORMES 鸭科 Anatidae

别　　名‖ 大雁、沙鹅、灰腰雁、红嘴雁、沙雁、黄嘴灰鹅。

形态特征‖ 体长约 76 cm。以粉红色的嘴和脚为本种特征。嘴基无白色。上体体羽灰色而羽缘白色，具扇贝形图纹。胸浅烟褐色，尾上及尾下覆羽均白色。飞行中浅色的翼前区与暗色的飞羽形成对比。

生态习性‖ 栖息于疏树草原、沼泽及湖泊；取食于矮草地及农耕地；繁殖于中国北方，结小群在中国南部及中部的湖泊越冬，一些鸟冬季迁徙至江西鄱阳湖。主要以各种水生和陆生植物的叶、根、茎、嫩芽、果实、种子等为食，有时也捕食螺、虾、昆虫等。

分　　布‖ 城市区。

张春兰©

鸳鸯 *Aix galericulata*

雁形目 ANSERIFORMES 鸭科 Anatidae

别　　　名‖中国官鸭、邓木鸟。

形 态 特 征‖体长约40 cm。雄鸟嘴红色，脚橙黄色，羽色华丽，头有冠羽，眼后有宽阔的白色眉纹，翅上有一对栗黄色直立羽。雌鸟嘴黑色，头和上体灰褐色，眼周白色，眉纹细、白色。

生 态 习 性‖栖息于山地森林的河流、湖泊、水塘、芦苇沼泽和稻田中。性机警，善隐蔽，也善游泳和潜水，飞行本领强。杂食性，繁殖期以动物性食物为主，春季和冬季以草根、植物的种子等植物性食物为主。

分　　　布‖森林区、湿地区。

袁倩敏©

绿翅鸭 *Anas crecca*
雁形目 ANSERIFORMES　鸭科 Anatidae

别　　　　名‖ 小凫、小水鸭、小麻鸭、巴鸭、八鸭、小蚬鸭。

形态特征‖ 体长约37 cm。雄鸟头至颈部深栗色，头顶两侧从眼开始有一条宽阔的绿色带斑一直延伸至颈侧。尾下覆羽黑色，两侧各有一黄色三角形斑，在水中游泳时极为醒目。飞翔时，鸭翅上可见金属光泽的翠绿色翼镜，翼镜前后缘有白边，亦非常醒目。雌鸟上体具有褐色斑驳，腹部色淡。

生态习性‖ 栖息于河口、湖泊、沼泽及沿海地带。喜集群，飞行急速有力，呈直线或"V"形队列迁徙。主要以水生植物的叶、茎、种子为食。

分　　　　布‖ 城市区、湿地区。

李小燕©

斑嘴鸭 *Anas poecilorhyncha*

雁形目 ANSERIFORMES 鸭科 Anatidae

别　　名‖花嘴鸭、黄嘴尖鸭、稗鸭、大燎鸭、谷鸭、火燎鸭、夏凫。

形态特征‖体长约60 cm。体大，深褐色。头色浅，头顶及贯眼纹色深，嘴黑色而嘴端黄色，繁殖期黄色嘴端顶尖有一黑点为本种特征。喉及颊皮黄色。

生态习性‖栖息于河口、湖泊、沼泽及沿海地带。常成群活动，也和其他鸭类混群，善游泳和行走，极少潜水。主要以植物性食物为食。

分　　布‖城市区、湿地区。

袁倩敏©

绿头鸭 *Anas platyrhynchos*

雁形目 ANSERIFORMES 鸭科 Anatidae

别　　名‖大绿头、大红腿鸭、官鸭、对鸭、大麻鸭、青边。

形态特征‖体长约58 cm。雄鸟有深绿色、带光泽的头颈和黄绿色的嘴，脖子上有一个白色颈环，胸部呈栗色。雌鸟无颈环，身穿褐色斑驳的"套装"。

生态习性‖栖息于江河、湖泊、水库等水域。除繁殖期成对外，多集群活动，性好动，叫声响亮清脆，很远即可听到。杂食性，以植物的叶、茎、芽及软体动物、水生昆虫为食。

分　　布‖城市区、湿地区。

袁倩敏©

琵嘴鸭 *Anas clypeata*

雁形目 ANSERIFORMES　**鸭科** Anatidae

　　别　　名 ‖ 琵琶嘴鸭、铲土鸭、宽嘴鸭。

袁倩敏©

　　形态特征 ‖ 体长约50 cm。嘴特长，末端呈匙形。雄鸟腹部栗色，胸白色，头颈深绿色且带有光泽。雌鸟褐色斑驳，尾近白色，贯眼纹深色。色彩似雌绿头鸭，但嘴形清晰可辨。

　　生态习性 ‖ 栖息于湖泊、池塘，以及沿海水域中。成对或集小群活动，常漫游在浅水处，性谨慎机警。主要以甲壳类动物、鱼、鱼卵、蛙等为食。

　　分　　布 ‖ 湿地区。

赤颈鸭 *Anas penelope*

雁形目 ANSERIFORMES　**鸭科** Anatidae

　　别　　名 ‖ 赤颈凫、鹅子鸭、红鸭。

　　形态特征 ‖ 体长约47 cm。雄鸟头呈栗色，冠羽皮黄色；体羽余部多为灰色，两胁有白斑，腹白色，尾下覆羽黑色，翼镜绿色。雌鸟通体棕褐色或灰褐色，腹白色。

　　生态习性 ‖ 栖息于富有水生植物的江河、湖泊、水塘、沼泽地带。常成群活动，也与其他鸭类混群，善游泳和潜水，高兴时将尾羽翘起。主要以植物的根、茎、叶等植物性食物为食。

　　分　　布 ‖ 湿地区。

袁倩敏©

针尾鸭 *Anas acuta*

雁形目 ANSERIFORMES 鸭科 Anatidae

　别　　　名‖尖尾鸭、长尾凫、长闹、拖枪鸭、中鸭。

　形态特征‖体长约55 cm。雄鸟头颈淡褐色，颈侧有一条白色纵带向下与腹部白色相连，背部有暗褐色与灰白色相间的波状横斑，翼上有铜绿色斑块。雌鸟头棕色，杂以黑色密细纹，后颈暗褐色且缀有黑色小斑，翅上有两道明显的白色横带。

　生态习性‖栖息于河流、湖泊、沼泽、海湾等环境中。喜成群，善游泳和飞翔，性胆怯而机警，黄昏才到浅水处觅食。主要以草籽、水生植物为食。

　分　　　布‖湿地区。

袁倩敏©

赤麻鸭 *Tadorna ferruginea*

雁形目 ANSERIFORMES 鸭科 Anatidae

　别　　　名‖渎凫、红雁、黄凫、黄鸭、喇嘛鸭。

　形态特征‖体长约63 cm。体形大，似雁，头皮黄色，在水中体色为橙栗色。雄鸟夏季有狭窄的黑色领圈。飞行时白色的翅上覆羽及铜绿色翼镜明显可见。嘴、腿和尾黑色。

　生态习性‖栖息于江河、湖泊、水塘及附近的草地、沼泽、沙滩等环境中。繁殖期成对生活，非繁殖期集群。迁徙时多呈直线或横排队列前进。主要以水生植物的叶、芽、种子等植物性食物为食。

袁倩敏©

　分　　　布‖湿地区。

罗纹鸭 *Anas falcata*

雁形目 ANSERIFORMES **鸭科** Anatidae

　别　　　名 ‖ 扁头鸭、镰刀鸭、三鸭、旱鸭。

　形态特征 ‖ 体长约50 cm。雄鸟头顶栗色，头侧绿色闪光的冠羽垂至颈项，黑白相间的三级飞羽长而弯曲。雌鸟暗褐色、杂深色，头及颈色浅，两胁带扇贝形纹，尾上覆羽两侧具皮黄色线条。

　生态习性 ‖ 栖息于偏僻且富有水生植物的江河、湖泊及沼泽地带。喜结大群，停栖水上，常与其他鸭类混群。主要以水藻和其他水生植物的嫩叶、种子等植物性食物为食。

　分　　　布 ‖ 湿地区。

薄顺奇©

白眼潜鸭 *Aythya nyroca*

雁形目 ANSERIFORMES **鸭科** Anatidae

　别　　　名 ‖ 白眼凫。

　形态特征 ‖ 体长约41 cm。雄鸟头、颈、胸及两胁皮浓栗色，眼白色；雌鸟皮暗褐色，眼睛色淡。侧皮头部羽冠高耸。

　生态习性 ‖ 栖息于富有水生植物的淡水湖泊、池塘和沼泽地带。成对或集小群活动，性胆小而机警，极善潜水，但在水下时间不长。杂食性，以水生植物、水生昆虫等为食。

　分　　　布 ‖ 湿地区。

张春兰©

柯培峰©

凤头潜鸭 *Aythya fuligula*

雁形目 ANSERIFORMES 鸭科 Anatidae

别　　名‖凤头鸭子、凤头泽凫、泽凫。

形态特征‖体长约42 cm。头带特长羽冠。雄鸟黑色，腹部及体侧白色。雌鸟深褐色，两胁褐色，羽冠短，有浅色脸颊斑。飞行时二级飞羽呈白色带状，尾下覆羽偶为白色。

生态习性‖栖息于湖泊、河流、水库及浅海水域中。喜成群，善游泳和潜水，可潜入水下2～3 m。主要以鱼、虾、蟹、水生昆虫等为食。

分　　布‖湿地区。

叶锦玉©

中华秋沙鸭 *Mergus squamatus*

雁形目 ANSERIFORMES 鸭科 Anatidae

别　　名‖鳞胁秋沙鸭。

形态特征‖体长约58 cm。雄鸟整体呈黑绿色及白色，近红色的嘴长而窄，尖端具钩，具厚实的羽冠，两胁有特征性的鳞状纹，脚红色；雌鸟色暗且具灰色。

生态习性‖栖息于林区内的湍急河流及开阔湖泊。成对或以家庭为群，可潜水捕食鱼类，性机警。主食以鱼、鞘翅目昆虫等为食。

分　　布‖湿地区。

张琼悦©

白鹭 *Egretta garzetta*

鹳形目 CICONIIFORMES　鹭科 Ardeidae

别　　名‖白鹭鸶、白翎鸶、小白鹭、一杯鸶、白鸟、白鹤、鹭鸶、丝琴。

形态特征‖体长约 60 cm。颈部常弯曲呈"S"形。全身体羽纯白色，繁殖期头部着生两根细长饰羽，背、胸部羽毛状如蓑衣。嘴及腿黑色，趾黄色。

袁倩敏©

生态习性‖栖息于稻田、河岸、沙滩、泥滩及沿海小溪等处。成散群进食，常与其他种类混群。休息时脖子常缩成"S"形，一脚收于腹下，仅以一脚独立于水边。主要以鱼、虾、蛙等为食。

分　　布‖广州全境。

中白鹭 *Egretta intermedia*

鹳形目 CICONIIFORMES　鹭科 Ardeidae

别　　名‖春锄。

形态特征‖体长约 69 cm。体形介于白鹭与大白鹭之间，嘴黄色但尖端带黑色，颈呈"S"形，翅大而长，脚和趾均细长。繁殖期背及胸部有松软的长丝状羽，嘴及腿部短期呈粉红色，脸部裸皮灰色。

生态习性‖栖息于稻田、湖畔、沼泽地、红树林及沿海泥滩。常单独或成对活动，与其他水鸟混群营巢，警惕性强。主要以鱼、虾、其他水生和陆生昆虫为食。

分　　布‖广州全境。

袁倩敏©

大白鹭 *Ardea alba*

鹳形目 CICONIIFORMES 鹭科 Ardeidae

别　　名‖白鹭鸶、鹭鸶、大白鹤、白鹤鹭、白漂鸟、白洼、白庄、风漂公子、鹭满贯、雪客。

形态特征‖体长约95 cm。全身白色。颈部具特别的扭结。繁殖期脸部裸皮蓝绿色，嘴黑色，腿部裸皮红色，脚细长而呈黑色，背部长出长蓑羽。非繁殖期脸部裸皮黄色，嘴黄色。

袁倩敏©

生态习性‖栖息于河流、湖泊、海滨、河口及沼泽地带。一般单独或成小群活动，站姿甚高直。捕猎时，从上方往下刺戳猎物。飞行姿势优雅，振翅缓慢有力。主要以鱼、虾及水生昆虫为食。

分　　布‖广州全境。

牛背鹭 *Bubulcus ibis*

鹳形目 CICONIIFORMES 鹭科 Ardeidae

别　　名‖黄头鹭、畜鹭、放牛郎。

形态特征‖体长约50 cm。繁殖期体白色，头、颈、胸沾橙黄色，虹膜、嘴、腿及眼先短期呈亮红色，余时橙黄色。非繁殖期体白色，仅部分鸟额部沾橙黄色。

生态习性‖栖息于草地、湖泊、水库、水田及沼泽。傍晚小群列队低飞过有水地区回到群栖地点。捕食水生动物、非水生昆虫。与家畜关系密切，捕食家畜从草地上引来或惊起的苍蝇。

分　　布‖广州全境。

袁倩敏©

池鹭 *Ardeola bacchus*

鹳形目 CICONIIFORMES　鹭科 Ardeidae

别　　　名‖红毛鹭、红头鹭鸶、沙鹭。

形态特征‖体长约 47 cm。繁殖期头、颈、上胸栗红色，背羽紫黑色，其余部位白色；嘴黄色而尖端黑色，脸部裸皮黄绿色。非繁殖期无蓑羽，飞行时可见体白色而背部深褐色。

生态习性‖栖息于稻田、沼泽、池塘。单独或成分散小群觅食。每晚三五成群飞回栖处，常与其他水鸟混群营巢。以水生昆虫、鱼、蛙、甲壳类动物等为食。

分　　　布‖广州全境。

袁倩敏©

池鸿健©

夜鹭 *Nycticorax nycticorax*
鹳形目 CICONIIFORMES 鹭科 Ardeidae

别　　名‖水洼子、灰洼子、苍鸦、星鸦、夜鹰、夜鹤、夜游鹤。

形态特征‖体长约61 cm。成鸟的顶冠黑色，颈及胸白色，颈背具两条白色丝状羽，背黑色，两翼及尾灰色。雌鸟体形较雄鸟小。繁殖期腿及眼先呈红色。亚成鸟具褐色纵纹及点斑。

生态习性‖栖息于溪流、沼泽、池塘。黄昏时鸟群分散进食，发出深沉的"呱呱"声。结群营巢于水上悬枝，甚喧哗。捕食鱼、虾、蛙、昆虫。

分　　布‖广州全境。

袁倩敏©

草鹭 *Ardea purpurea*

鹳形目 CICONIIFORMES　鹭科 Ardeidae

别　　　名 ‖ 柴鹭、长脖老、草当、花洼子、黄庄、紫鹭。

形 态 特 征 ‖ 体长约 80 cm。顶冠黑色并具两道饰羽，颈棕色且颈侧具黑色纵纹。背及覆羽灰色，飞羽黑色，其余体羽红褐色。

生 态 习 性 ‖ 栖息于海岸滩涂、沼泽、湖泊等各种淡水环境。常单独或成对活动和觅食，休息时多聚集在一起，行动迟缓。捕食鱼及其他水生动物、非水生昆虫等。

分　　　布 ‖ 湿地区。

袁倩敏◎

绿鹭 *Butorides striata*
鹳形目 CICONIIFORMES　鹭科 Ardeidae

　　别　　　名‖绿蓑鹭、鹭鸶、打鱼郎、绿背鹭。

　　形态特征‖体长约43 cm。成鸟顶冠及长冠羽具绿黑色光泽，一道黑线自嘴基部过眼下延伸至脸颊。两翼及尾青蓝色带绿色光泽，羽缘皮黄色。腹部粉灰色，颏白色。

　　生态习性‖栖息于池塘、溪流及稻田，或芦苇地、灌丛及红树林等植被覆盖浓密处。性孤僻、羞怯。结小群营巢。主要以鱼、虾、蛙等为食。

　　分　　　布‖广州全境。

袁倩敏©

张春兰©

苍鹭 *Ardea cinerea*

鹳形目 CICONIIFORMES　鹭科 Ardeidae

别　　名‖长脖老、灰鹳、灰鹭、青庄、深水径。

形态特征‖体长约95 cm。全身羽毛以灰色为主。头顶长有形似辫子的黑色羽冠。胸前有两道黑色纵斑。头、颈、胸及背近白色，其他部位灰色。冬季羽冠脱落。

生态习性‖栖息于江河、溪流、湖泊、海岸等水域岸边及浅水处。性孤僻，在浅水中捕食。冬季有时成大群。飞行时翼显沉重，常停栖于树上。主要以鱼、水生昆虫、蛙等动物性食物为食。

分　　布‖广州全境。

袁倩敏©

袁倩敏©

栗苇鸦 *Ixobrychus cinnamomeus*

鹳形目 CICONIIFORMES 鹭科 Ardeidae

    别   名 ‖ 栗小鹭、独春鸟、小水骆驼、黄鹤、红鹭。

    形态特征 ‖ 体长约41 cm。雄鸟上体栗色，下体黄褐色，身体由喉及胸部的黑色纵纹均分开来，两胁有黑色纵纹，脖颈侧有白色纵纹。雌鸟色较暗淡，褐色较浓。

    生态习性 ‖ 栖息于稻田或草地。性羞怯、孤僻，夜晚较活跃。受惊时一跳而起。飞行高度低。以鱼、蛙和水生昆虫为食。

    分   布 ‖ 广州全境。

袁倩敏©

黑脸琵鹭 *Platalea minor*

鹳形目 CICONIIFORMES　鹮科 Threskiornithidae

别　　　名∥匙嘴鹭、黑面琵鹭、琵琶嘴鹭。

形态特征∥体长约76 cm。其扁平如汤匙状的长嘴，与中国乐器中的琵琶极为相似。全身羽毛大体上为白色，有黑色的嘴和黑色的腿、脚，前额、眼线、眼周至嘴基的裸皮黑色，形成鲜明的"黑脸"。

生态习性∥栖息于湖泊、水塘、河口、沿海滩涂及芦苇沼泽地带。喜群居，性沉着机警，人难以接近。性温顺，不好斗。主要以鱼、虾、蟹、昆虫，以及软体动物和甲壳类动物为食。

分　　　布∥湿地区。

袁倩敏©

袁倩敏©

白琵鹭 *Platalea leucorodia*
鹳形目 CICONIIFORMES 鹮科 Threskiornithidae

  别 名‖ 琵琶嘴鹭、琵琶鹭。

  形态特征‖ 体长约84 cm。嘴灰色而呈琵琶形，头部裸出的部位呈黄色，自眼先至眼有黑色线。与冬季黑脸琵鹭的区别在于脸部黑色少，白色羽毛延伸过嘴基，嘴色较浅。雌雄同色。

  生态习性‖ 栖息于河流、湖泊、水库岸边及其他沼泽湿地。常成群活动，休息时常在水边呈"一"字形散开。性机警畏人。主要以小鱼、虾、蟹、水生昆虫等为食。

  分 布‖ 湿地区。

袁倩敏©

鹗 *Pandion haliaetus*

隼形目 FALCONIFORMES　鹗科 Pandionidae

別　　　名 ‖ 鱼鹰。

形 态 特 征 ‖ 体长约55 cm。头及下体白色，特征为具黑色贯眼纹。上体多暗褐色，深色的短冠羽可竖立。

生 态 习 性 ‖ 栖息于水库、湖泊、溪流、河川、鱼塘、海边等水域环境。常单独活动，多在水面低空缓慢飞行，性机警，叫声响亮。捕食鱼类。

分　　　布 ‖ 湿地区。

薄顺奇©

黑翅鸢 *Elanus caeruleus*

隼形目 FALCONIFORMES　鹰科 Accipitridae

別　　　名 ‖ 灰鹞子。

形 态 特 征 ‖ 体长约30 cm。体形较小，通体以白色、灰色及黑色为主。特征为具黑色的肩部斑块及较长的初级飞羽。成鸟头顶、背、翼覆羽及尾基部灰色，脸、颈及下体白色。亚成鸟似成鸟，但体羽沾褐色。

生 态 习 性 ‖ 栖息于有树木的原野、农田和疏林地带。喜立在死树或电线杆上，也似红隼悬于空中。主要以田间鼠、鸟、野兔和爬行类动物为食。

分　　　布 ‖ 农田区、湿地区。

池鸿健©

普通鵟 *Buteo buteo*

隼形目 FALCONIFORMES 鹰科 Accipitridae

别　　名 ‖ 土豹子、鸡母鹞。

形态特征 ‖ 体长约55 cm。上体深棕褐色，栗色髭纹明显，下体偏白色，具棕色纵纹。飞行时两翼宽圆，从下观察时翼下可见近似圆形的标志性黑色块斑。体色多变。

生态习性 ‖ 栖息于农田、林缘及田野。喜在空中热气流上翱翔，在裸露树枝上停栖。捕食鼠、昆虫等。

分　　布 ‖ 农田区、湿地区。

袁倩敏©

黑鸢 *Milvus migrans*

隼形目 FALCONIFORMES 鹰科 Accipitridae

别　　名 ‖ 老鹰、老雕、黑耳鹰、老鸢、鸡屎鹰、麻鹰。

形态特征 ‖ 体长约65 cm。体羽深褐色，尾略显分叉，腿、爪灰白色，有黑色爪尖。飞行时初级飞羽基部可见明显的浅色次端斑纹，尾略显分叉，翼上斑块较白。

生态习性 ‖ 栖息于平原、草地、荒原和低山丘陵地带。喜开阔的乡村、城镇。栖息于柱子、电线、建筑物或地面。主要以鸟、鼠、蛇、蛙等为食。

袁倩敏©

分　　布 ‖ 森林区、农田区。

栗鸢 *Haliastur indus*

隼形目 FALCONIFORMES　鹰科 Accipitridae

> 别　　　名‖红鹰。

> 形态特征‖体长约45 cm。头、颈及胸白色，翼、背、尾及腹部浓红棕色，与黑色的初级飞羽形成对比。虹膜褐色，喙淡黄绿色，脚黄灰色。亚成鸟通体近褐色，胸具纵纹，第二年为灰白色，第三年具成鸟羽衣。与黑鸢的区别在于尾圆。

袁倩敏©

> 生态习性‖栖息于热带、亚热带地区的大型河流、湖泊沿岸或者海滨有高大树木的地带。在中国不常见且数量仍在下降，见于长江下游、西江、云南西南部及东南沿海。除繁殖期成对和成家族群栖外，通常白天单独活动在湖滨、海滨、河岸等水域与村庄上空，可长时间地翱翔和滑翔。主要以蟹、蛙、鱼等为食，也捕食昆虫、虾和爬行类动物，偶尔也捕食鸟和啮齿类动物。

> 分　　　布‖湿地区。

白尾鹞 *Circus cyaneus*

隼形目 FALCONIFORMES　鹰科 Accipitridae

> 别　　　名‖白尾巴根子、白抓、灰鹞、灰鹰。

> 形态特征‖体长约50 cm。雄鸟上体蓝灰色，头和胸较暗，翅尖黑色，尾上覆羽白色，腹、两胁和翅下覆羽白色。飞翔时，从上面看，蓝灰色的上体、白色的腰和黑色的翅尖形成明显对比；从下面看，白色的下体，较暗的胸和黑色的翅尖亦形成鲜明对比。雌鸟上体暗褐色，尾上覆羽白色，下体皮黄白色或棕黄褐色，杂以粗的红褐色或暗棕褐色纵纹。幼鸟与草原鹞及乌灰鹞幼鸟的区别在于两翼较短而宽，翼尖较圆钝。

> 生态习性‖栖息于开阔原野、草地及农耕地。主要在白天活动和觅食，尤以早晨和黄昏最为活跃，叫声洪亮。主要在地面捕食。常沿地面低空飞行搜寻猎物，发现后急速降到地面捕食。主要以小型鸟类、鼠、蛙、蜥蜴、大型昆虫等动物性食物为食。

> 分　　　布‖森林区、农田区。

袁倩敏©

凤头鹰 *Accipiter trivirgatus*

隼形目 FALCONIFORMES 鹰科 Accipitridae

别　　名 ‖ 凤头雀鹰。

形态特征 ‖ 体长约42 cm。额及后颈灰黑色，羽冠短而明显。上体黑褐色，喉中央有一道黑色纵纹，胸部的褐色纵纹至腹部变为横纹，尾羽上有四道深色横斑。

生态习性 ‖ 栖息于密林覆盖处。繁殖期常在森林上空翱翔，发出响亮叫声。主要以蛙、蜥蜴、鼠、昆虫等为食。

分　　布 ‖ 森林区、湿地区。

广东省科学院©

雀鹰 *Accipiter nisus*

隼形目 FALCONIFORMES 鹰科 Accipitridae

别　　名 ‖ 朵子、细胸、鹞子。

形态特征 ‖ 体长约38 cm。雄鸟上体褐灰色，白色下体上多具棕色横斑，尾具横带，脸颊棕色。雌鸟体形较大，胸、腹部及腿上具灰褐色横斑，无喉中线，脸颊棕色较少。

生态习性 ‖ 栖息于山地森林及林缘地带。日出性，常单独生活，飞行速度每小时可达数百千米。主要以鸟、昆虫、鼠等为食。

分　　布 ‖ 森林区。

薄顺奇©

松雀鹰 *Accipiter virgatus*

隼形目 FALCONIFORMES　鹰科 Accipitridae

别　　名‖松子鹰。

形态特征‖体长约33 cm。雄鸟上体深灰色，尾具粗横斑，下体白色，两胁棕色带褐色横斑，喉白色，有黑色喉中线和髭纹。雌鸟及亚成鸟两胁少棕色，下体多红褐色横斑，背褐色，尾具深色横纹。

生态习性‖栖息于林缘或丛林边开阔处。在林间静立，有时也见高空滑翔。主要以各种鸟为食，也捕食蜥蜴、蝗虫、小型鼠类等。

分　　布‖森林区、城市区。

广东省科学院©

赤腹鹰 *Accipiter soloensis*

隼形目 FALCONIFORMES　鹰科 Accipitridae

别　　名‖鸽子鹰。

形态特征‖体长约33 cm。上体淡蓝灰色，背部羽尖略具白色，外侧尾羽具不明显黑色横斑；下体白色，胸及两胁略沾粉色，两胁具浅灰色横纹。

生态习性‖栖息于平原、草地、荒原和低山丘陵地带。常从停栖处俯冲下来捕食。以鸟、鼠、蛇、蛙等为食。

分　　布‖森林区、农田区。

广东省科学院©

日本松雀鹰 *Accipiter gularis*

隼形目 FALCONIFORMES　鹰科 Accipitridae

形态特征‖体长约27 cm。雄鸟喉白色，上体深灰色，胸浅棕色，腹部具非常细的羽干纹，尾灰色，具数条深色横斑。雌鸟上体褐色，白色喉中央有一条深色细纹，下体具浓密的褐色横斑。

生态习性‖栖息于山地针叶林和混交林带。多单独活动，常站立在高大树木的顶枝上。主要以山雀、莺类等小型鸟类为食。

分　　布‖森林区。

广东省科学院©

苍鹰 *Accipiter gentilis*

隼形目 FALCONIFORMES 鹰科 Accipitridae

別　　名‖ 黄鹰、牙鹰、鹞鹰。

形态特征‖ 体长约56 cm。成鸟上体青灰色，白色眉纹明显，胸腹部密布细横纹，眼后的黑色部位与洁白的胸腹对比明显，中央尾羽突出。

生态习性‖ 栖息于疏林、林缘和灌丛地带。常单独活动，性机警，善隐蔽，捕食猛、准、狠、快。主要以鸽为食，也捕食其他鸟类、野兔等。

分　　布‖ 森林区。

广东省科学院©

蛇雕 *Spilornis cheela*

隼形目 FALCONIFORMES 鹰科 Accipitridae

別　　名‖ 蛇鹰。

形态特征‖ 体长约50 cm。嘴及眼之间有黄色裸皮，黑色羽冠明显。上体深黑灰色，具细窄白色羽缘，下体棕褐色，腹部带有灰白色斑点。嘴黑色，脚黄色。飞翔时可见翼下和尾下各有一道白色宽横带。

生态习性‖ 常停栖在森林中荫蔽的大树枝上监视地面。喜在林地及林缘活动，发出似啸声的鸣叫。以蛇、蛙、蜥蜴等为食，也捕食鼠、鸟、蟹及其他甲壳类动物。

分　　布‖ 森林区、农田区。

广东省科学院©

红隼 *Falco tinnunculus*

隼形目 FALCONIFORMES　隼科 Falconidae

别　　名 ‖ 茶隼、红鹞子、红鹰、黄鹰。

形态特征 ‖ 体长约35 cm。雄鸟眼睛下有黑斑，肩、背赤褐色而略有黑色横斑，下身皮黄色，具黑色纵纹，翼下满布细小斑纹。尾羽末端灰白色，具黑色次端斑。雌鸟略大，眼下黑斑较长，上身全褐色且多粗横斑。

广东省科学院©

生态习性 ‖ 栖息于平原、草地、荒原和低山丘陵地带。常单独活动，傍晚最为活跃，喜逆风飞翔，取食迅速。以小鸟、鼠、蛇、蛙等为食。

分　　布 ‖ 广州全境。

红脚隼 *Falco amurensis*

隼形目 FALCONIFORMES　隼科 Falconidae

别　　名 ‖ 青燕子、青鹰、红腿鹞子、蚂蚱鹰。

形态特征 ‖ 体长约31 cm。腿、腹及臀部棕色。似西红脚隼，但区别在于飞行时可见白色的翼下覆羽。雌鸟额白色，头顶灰色而具黑色纵纹；背及尾灰色，尾具黑色横斑；喉白色，眼下具偏黑色线条；下体乳白色，胸具醒目的黑色纵纹，腹部具黑色横斑；翼下白色并具黑色点斑及横斑。亚成鸟似雌鸟，但下体斑纹为棕褐色而非黑色。

生态习性 ‖ 栖息于低山疏林、林缘、山脚平原、丘陵地区的沼泽、草地、河流、山谷和农田等开阔地区，尤其喜欢具有稀疏树木的平原、低山和丘陵地区。多白天单独活动。主要以蝗虫、蝼蛄、螽斯、金龟子、蟋蟀、叩头虫等昆虫为食，有时也捕食小型鸟类、蜥蜴、石龙子、蛙、鼠等小型脊椎动物。

分　　布 ‖ 农田区。

罗慧娟©

燕隼 *Falco subbuteo*

隼形目 FALCONIFORMES 隼科 Falconidae

别　　　名‖青条子、土鹘、儿隼、蚂蚱鹰、虫鹞。

形态特征‖体长约 30 cm。上体深蓝褐色，下体白色，具暗色条纹。腿羽淡红色。翼长，腿及臀部棕色，胸乳白色带黑色纵纹。雌鸟体形比雄鸟大且多褐色，腿及尾下覆羽细纹较多。

生态习性‖栖息于有稀疏树木生长的开阔平原和林缘地带。常单独活动，飞行如闪电般快速敏捷，能在空中短暂停留。主要以麻雀、山雀等雀形目鸟类为食。

分　　　布‖农田区。

广东省科学院©

广东省科学院©

游隼 *Falco peregrinus*

隼形目 FALCONIFORMES　隼科 Falconidae

　别　　　名‖ 鸭虎、花梨鹰、青燕。

　形 态 特 征‖ 体长约45 cm。头顶及脸有黑色条纹，上体深灰色而具黑色点斑及横纹，下体白色，胸部有黑色纵纹，腹部、腿多有黑色横斑。

　生 态 习 性‖ 栖息于开阔的山地、丘陵、旷野地带。常成对活动。飞行速度甚快，从高空螺旋向下猛扑猎物，为世界上飞行速度较快的鸟种之一。主要以鸠鸽类、鸡类等中小型鸟类为食。

　分　　　布‖ 森林区、城市区。

袁倩敏©

环颈雉 *Phasianus colchicus*

鸡形目 GALLIFORMES　雉科 Phasianidae

　别　　　名‖ 野鸡、山鸡、七彩山鸡、雉鸡。

　形 态 特 征‖ 体长66～85 cm。脖颈部具白色颈圈。雄鸟头颈黑色，具暗绿色光泽，耳羽簇明显，眼周裸皮呈鲜红色；两翼灰色，褐色尾羽带有黑色横纹。雌鸟体色暗淡，周身密布浅褐色斑纹。

　生 态 习 性‖ 栖息于中、低山丘陵的灌丛、竹丛或草丛中。雄鸟单独或成小群活动，雌鸟与其雏鸟偶尔与其他鸟类合群。杂食性。主要以植物的果实、种子、叶片、嫩芽和部分昆虫为食。

　分　　　布‖ 森林区。

广东省科学院©

灰胸竹鸡 *Bambusicola thoracica*

鸡形目 GALLIFORMES 雉科 Phasianidae

 别 名∥竹鹧鸪。

 形态特征∥体长约33 cm。额、眉线及颈项蓝灰色，与脸、喉及上胸的棕色形成对比。上背、胸侧及两肋有月牙形的大块褐斑。外侧尾羽栗色。该种的整个脸、颈侧及上胸灰蓝色，仅额及喉栗色。

 生态习性∥栖息于低山丘陵和山脚平原地带的竹林、灌丛和草丛中。以家庭为群栖居。飞行笨拙、径直。杂食性，主要以植物的幼芽、嫩枝、嫩叶、果实、种子和昆虫等为食。

 分 布∥森林区、农田区、城市区。

袁倩敏©

中华鹧鸪 *Francolinus pintadeanus*

鸡形目 GALLIFORMES　雉科 Phasianidae

　　别　　　名 ‖ 中国鹧鸪、越雉。

　　形态特征 ‖ 体长约 30 cm。枕、上背、下体及两翼有醒目的白点，背和尾具白色横斑。头黑色，带栗色眉纹，一条宽阔的白色条带由眼下延伸至耳羽，颏及喉白色。雌鸟下体皮黄色，带黑斑，上体多棕褐色。

　　生态习性 ‖ 栖息于低山丘陵地带的灌丛、草地、农田地带。常单独或成对活动，警惕性高，隐藏在草丛和灌丛中，极难被发现。主要以蝗虫、蟋蟀、蚂蚁等昆虫为食。

　　分　　　布 ‖ 森林区、农田区、城市区。

黄志文©

白鹇 *Lophura nycthemera*

鸡形目 GALLIFORMES 雉科 Phasianidae

别　　名‖ 白寒鸡、白山鸡、白鹇鸡、长尾白山鸡、地鸡、银鸡、银雉、越禽。

形态特征‖ 体长94～110 cm。雄鸟头顶、冠羽黑色，脸颊裸皮鲜红色。中央尾羽白色，背及其他尾羽白色，具黑色斑纹，下体黑色。雌鸟褐色，具黑褐色冠羽，外侧尾羽黑色，具白色斑纹。

生态习性‖ 栖息于海拔2 000 m以下的丘陵和山区林地中。成小群活动，一雄多雌，冬季集大群。杂食性。主要以锥栗、悬钩子、百香果等植物的嫩叶、幼芽、花、茎、浆果、种子、根，以及苔藓等为食，也食蝗虫、蚂蚁、蚯蚓、鳞翅目昆虫等动物性食物。

分　　布‖ 森林区。

张春兰©

柯良泽©

灰胸秧鸡 *Gallirallus striatus*

鹤形目 GRUIFORMES 秧鸡科 Rallidae

别　　名‖ 蓝胸秧鸡。

形态特征‖ 体长约29 cm。中等体形，具棕色顶冠。头顶栗色，颏白色，胸及背灰色，背多具白色细纹，两翼及尾具白色细纹，两胁及尾下具较粗的黑白色横斑。

生态习性‖ 栖息于水田、水畔、湖岸、溪岸和芦苇沼泽地带及附近的草丛中。常单独或成家族群活动，多在清晨和黄昏活动，白天隐匿于草丛中。主要以水生昆虫、虾、蟹、蚂蚁等为食。

分　　布‖ 湿地区。

薄顺奇©

普通秧鸡 *Rallus aquaticus*

鹤形目 GRUIFORMES 秧鸡科 Rallidae

别　　名 ‖ 秋鸡、水鸡。

形态特征 ‖ 体长约29 cm。上体多纵纹，头顶褐色，脸灰色，眉纹浅灰色而眼线深灰色，颏白色，颈及胸灰色，两胁具黑白色横斑。

生态习性 ‖ 栖息于河岸、湖岸边的沼泽湿地、芦苇丛和水草丛中。常单独行动，性畏人，见人迅速逃匿，善游泳和潜水。杂食性。以鱼、甲壳类动物，以及植物的种子、嫩枝、根等为食。

分　　布 ‖ 湿地区、农田区。

李小燕ⓒ

白喉斑秧鸡 *Rallina eurizonoides*

鹤形目 GRUIFORMES 秧鸡科 Rallidae

别　　名 ‖ 灰斑腿秧鸡、灰腿秧鸡。

形态特征 ‖ 体长约25 cm。头顶、颈侧、颊、前颈和上胸红褐色，背橄榄褐色，喉白色，下胸至尾下覆羽有黑褐色和白色相间的横纹，翅上有白色横斑。

生态习性 ‖ 栖息于稻田和其他灌丛地带。清晨和黄昏单独活动，行走时脚高抬，尾竖起前后摆动，遇危险迅速逃匿。以软体动物、昆虫及沼泽植物的嫩枝和种子为食。

分　　布 ‖ 湿地区、农田区。

蔡汉章ⓒ

白骨顶 *Fulica atra*

鹤形目 GRUIFORMES 秧鸡科 Rallidae

  别 名‖骨顶鸡、冬鸡、骨顶、米鸡。

  形态特征‖体长约40 cm。具显眼的白色嘴及额甲。全身羽毛呈深黑灰色，仅飞行时可见翼上狭窄近白色的后缘。雌雄同色。

  生态习性‖栖息于开阔平原上的淡水、河流、芦苇塘和沼泽地带。常成群活动，善游泳和潜水，大部分时间都在水中。杂食性。主要以鱼、虾，以及水生植物的嫩叶、幼芽、果实等为食。

  分 布‖城市区、湿地区。

袁倩敏©

白胸苦恶鸟 *Amaurornis phoenicurus*

鹤形目 GRUIFORMES 秧鸡科 Rallidae

  别 名‖白腹秧鸡、白脸秧鸡、白面鸡、白胸秧鸡。

  形态特征‖体长约33 cm。体形略大。呈深青灰色及白色。头顶及上体灰色，脸、额、胸及上腹部白色，下腹及尾下棕色。雌雄同色。

  生态习性‖栖息于灌丛、湖边、河滩、红树林。通常单独活动，偶尔三五成群。在野外反复发出"苦恶、苦恶"的叫声。以水生植物和水生昆虫、软体动物为食。

  分 布‖广州全境。

袁倩敏©

红脚苦恶鸟 *Amaurornis akool*

鹤形目 GRUIFORMES 秧鸡科 Rallidae

形态特征 ‖ 体长约28 cm。上体橄榄褐色，下体暗灰色，尾下覆羽褐色。喙黄绿色，喉白色，脚暗红色，尾不断上翘。

生态习性 ‖ 栖息于平原和低山丘陵地带的沼泽、草地、溪流、农田等。成对活动，性机警、隐蔽。善于行走、奔跑及涉水，多在黄昏活动。杂食性。以昆虫等动物性食物及植物的嫩茎、根等植物性食物为食。

袁倩敏©

分　　布 ‖ 森林区、农田区。

黑水鸡 *Gallinula chloropus*

鹤形目 GRUIFORMES 秧鸡科 Rallidae

别　　名 ‖ 红冠水鸡、红骨顶、红鸟、江鸡。

形态特征 ‖ 体长约31 cm。中等体形。额甲亮红色，嘴短。体羽全青黑色，两胁具宽且阔的白色纵纹，尾下覆羽两侧亦为白色，尾上翘时白斑尽显。雌雄同色。

生态习性 ‖ 栖息于湖泊、沼泽、水塘等环境。于陆地或水中时，尾不停上翘。不善飞，起飞前需先在水上助跑很长一段距离。以水生植物的叶、芽、种子及水生昆虫、软体动物为食。

分　　布 ‖ 广州全境。

池鸿健©

黑翅长脚鹬 *Himantopus himantopus*

鸻形目 CHARADRIIFORMES 反嘴鹬科 Recurvirostridea

别　　　名‖红腿娘子、高跷鸻。

形态特征‖体长约37 cm。嘴细长，呈黑色；两翼黑色；腿长，呈红色；体羽白色。颈背具黑色斑块。幼鸟褐色较浓，头顶及颈背沾灰色。

生态习性‖栖息于开阔平原草地中的湖泊、浅水塘和沼泽地带。常集群活动，行走缓慢，性胆小而机警。主要以软体动物、甲壳类动物等为食。

分　　　布‖湿地区。

袁倩敏©

袁倩敏©

反嘴鹬 *Recurvirostra avosetta*

鸻形目 CHARADRIIFORMES　反嘴鹬科 Recurvirostridea

别　　　名‖翘嘴鹬、反嘴鹬。

形态特征‖体长约43 cm。体高，呈黑白色。灰色的腿修长，黑色的嘴细长而上翘，翼尖黑色。具黑色的翼上横纹及肩部条纹。

生态习性‖栖息于湖泊、水塘和沼泽地带。进食时嘴往两边扫动。善游泳，能在水中倒立。主要以小型甲壳类动物、水生昆虫、软体动物等为食。

分　　　布‖湿地区。

袁倩敏©

袁倩敏©

水雉 *Hydrophasianus chirurgus*
鸻形目 CHARADRIIFORMES 水雉科 Jacanidae

　　别　　　名‖鸡尾水雉、长尾水雉。

　　形态特征‖体长约33 cm。体大，尾特长。呈深褐色及白色。非繁殖期头顶、背及胸上横斑灰褐色；颏、前颈、眉、喉及腹部白色；两翼近白色。黑色贯眼纹下延至颈侧。

　　生态习性‖栖息于富有挺水植物和漂浮植物的淡水湖泊、池塘和沼泽地带。单独或集小群活动，性活泼，善行走，步履轻盈，亦善游泳和潜水。以昆虫、虾等小型无脊椎动物和水生植物为食。

　　分　　　布‖农田区、城市区、湿地区。

袁倩敏©

普通燕鸻 *Glareola maldivarum*

鸻形目 CHARADRIIFORMES 燕鸻科 Glareolidae

别　　　名 ‖ 土燕子。

形态特征 ‖ 体长约25 cm。嘴短，基部较宽，尖端较窄而向下弯曲。翼尖长。尾黑色，呈叉状。夏羽上体茶褐色，腰白色；喉乳黄色，外缘黑色；颊、颈、胸黄褐色，腹白色；翼下覆羽棕红色，飞翔时极明显；嘴黑色，基部红色。冬羽和夏羽相似，但嘴基无红色，喉斑淡褐色，外缘黑线较浅淡，其内也无白缘。飞行和栖息姿势很像家燕。

生态习性 ‖ 栖息于河流两岸或湖边沙滩、砾石堆和泥地上，缓步走动觅食，间或急速奔跑觅食。休息时多站立于土堆或沙滩上，体色和周围环境很相似。非繁殖期常成群。主要以金龟子、蝗虫、螳螂等昆虫为食，也捕食甲壳类动物等其他小型无脊椎动物。

分　　　布 ‖ 农田区。

袁倩敏©

白腰草鹬 *Tringa ochropus*

鸻形目 CHARADRIIFORMES 鹬科 Scolopacidae

别　　　名‖绿鹬。

形态特征‖体长约23 cm。上体绿褐色杂白点，腹部及臀白色。两翼及下背几乎全黑色；尾白色，端部具黑色横斑。飞行时脚伸至尾后，野外看黑白色非常明显。

生态习性‖栖息于沿海、河口、湖泊、河流。常单独活动。受惊时起飞，似沙锥而呈锯齿形飞行。以鱼、虾、昆虫、水生植物等为食。

分　　　布‖湿地区。

矶鹬 *Actitis hypoleucos*

鸻形目 CHARADRIIFORMES 鹬科 Scolopacidae

形态特征‖体长约20 cm。头顶至后颈部为灰褐色，有浅色眉纹和黑褐色贯眼纹；背部至尾部黑褐色，且有细小白斑；下体白色；胸侧至肩部形成白斑；脚浅橄榄绿色。

生态习性‖栖息于沿海滩涂、稻田、河流两岸。常单独或成对活动在多沙石的浅水沙滩上，行走时头不停地点动。主要以昆虫为食，也捕食螺、蠕虫、鱼等。

分　　　布‖广州全境。

林鹬 *Tringa glareola*

鸻形目 CHARADRIIFORMES　鹬科 Scolopacidae

别　　　名 ‖ 林札子、油锥。

形态特征 ‖ 体长约20 cm。身材纤细。眉纹白色；上体灰褐色，并生有斑点；腹部和臀部近白色；腰及尾白色，并生有褐色横斑；脚暗黄色。

生态习性 ‖ 栖息于林中或林缘开阔的沼泽、湖泊、水塘边。常单独或成小群活动，出入于水边浅滩和沙石地上。以昆虫、软体动物、甲壳类动物为食。

分　　　布 ‖ 湿地区。

袁倩敏©

丘鹬 *Scolopax rusticola*

鸻形目 CHARADRIIFORMES 鹬科 Scolopacidae

别　　　名 ‖ 山沙锥。

形态特征 ‖ 体长约35 cm。头顶和枕绒黑色，具三至四条不甚规则的灰白色或棕白色横斑；后颈多呈灰褐色，有窄的黑褐色横斑。

生态习性 ‖ 栖息于阔叶林和混交林中，有时也见于林间沼泽、湿草地和林缘灌丛地带。性孤僻，不喜集群。多夜间活动，白天隐伏不出。主要以昆虫、蚯蚓、蜗牛等为食。

分　　　布 ‖ 森林区。

陈翠丽©

鹤鹬 *Tringa erythropus*

鸻形目 CHARADRIIFORMES 鹬科 Scolopacidae

形态特征‖ 体长约30 cm。繁殖期羽黑色，具白色点斑。冬季似红脚鹬，但体形较大，灰色较深，嘴较长且细，嘴基红色较少。两翼色深并具白色点斑，过眼纹明显。

生态习性‖ 栖息于江河、湖泊、水库、海湾。常单独或成分散的小群活动。以鱼、虾、昆虫、水生植物等为食。

分　　布‖ 湿地区。

袁倩敏©

青脚鹬 *Tringa nebularia*

鸻形目 CHARADRIIFORMES 鹬科 Scolopacidae

形态特征 ‖ 体长约32 cm。腿近绿色，灰色的嘴长而粗且略向上翻。上体灰褐色，具杂色斑纹，翼尖及尾部横斑近黑色；下体白色，喉、胸及两胁具褐色纵纹。

生态习性 ‖ 栖息于沿海和内陆的沼泽地带及大河流的泥滩。常单独、成对或成小群活动，喜在浅水处走走停停。主要以虾、蟹、鱼、螺、水生昆虫为食。

分　　布 ‖ 农田区、湿地区。

柯培峰©

袁倩敏©

红脚鹬 *Tringa totanus*

鸻形目 CHARADRIIFORMES　**鹬科** Scolopacidae

　　别　　名 ‖ 赤足鹬、东方红腿。

　　形态特征 ‖ 体长约28 cm。中等体形。腿橙红色，嘴基半部为红色。上体褐灰色，下体白色，胸具褐色纵纹。比鹤鹬小、矮，嘴较短厚，嘴基红色较多。

袁倩敏©

　　生态习性 ‖ 栖息于冻原和开阔平原上的淡水或盐水湖泊、河流、芦苇塘和沼泽地带。常单独或成小群活动，休息时则成群，性机警，飞翔能力强。主要以螺、甲壳类动物、昆虫、软体动物等各种小型无脊椎动物为食。

　　分　　布 ‖ 湿地区。

白腰杓鹬 *Numenius arquata*

鸻形目 CHARADRIIFORMES　**鹬科** Scolopacidae

　　形态特征 ‖ 体长约55 cm。顶和上体淡褐色；头、颈、上背具黑褐色羽轴纵纹；飞羽具黑褐色与淡褐色相间的横斑，颈与前胸淡褐色，具细的褐色纵纹；下背、腰及尾上覆羽白色；尾羽白色，具黑褐色细横纹；腹、胁部白色，具粗重的黑褐色斑点；下腹及尾下覆羽白色。与大杓鹬的区别在于腰及尾较白，与中杓鹬的区别在于体形较大，头部无图纹，嘴相对较长。

　　生态习性 ‖ 栖息于潮间带河口、河岸及沿海滩涂，常在近海处。多单独活动，有时结小群或与其他种类混群。主要以甲壳类动物、软体动物、昆虫为食。

　　分　　布 ‖ 森林区、农田区、湿地区。

吴政浩©

中杓鹬 *Numenius phaeopus*

鸻形目 CHARADRIIFORMES 鹬科 Scolopacidae

形态特征‖ 体长约43 cm。体形偏小。眉纹色浅，具黑色顶纹，嘴长而下弯。似白腰杓鹬，但体形小许多，嘴也较短。

李小燕©

生态习性‖ 栖息于沿海沙滩、河口、湿地、湖泊、沼泽、农田等环境中。常单独或成小群活动，行走步伐大而缓慢，飞行有力。主要以昆虫、螺、甲壳类动物等小型无脊椎动物为食。

分　　布‖ 湿地区。

半蹼鹬 *Limnodromus semipalmatus*

鸻形目 CHARADRIIFORMES 鹬科 Scolopacidae

形态特征‖ 体长约35 cm。夏羽头、颈棕红色，贯眼纹黑色，一直延伸到眼先。从前额至头顶有密集的黑色纵纹，在两侧形成一条棕红色眉纹；后颈具黑色纵纹；翕棕红色，羽毛具宽的黑色中央纵斑。下背和腰白色，具黑色中央纹；尾上覆羽具黑白相间的横斑。冬羽上体暗灰褐色，具白色羽缘，尤以中覆羽和大覆羽上较明显。下体白色。头侧、颏、喉、颈、胸和两胁具黑褐色斑点，下胸、两胁和尾下覆羽具黑褐色横斑。

生态习性‖ 栖息于湖泊、河流及沿海岸边的草地和沼泽地上。常成小群，频繁地将嘴插入泥中至嘴基。主要以昆虫和软体动物为食。

分　　布‖ 湿地区。

薄顺奇©

黑尾塍鹬 *Limosa limosa*

鸻形目 CHARADRIIFORMES　鹬科 Scolopacidae

别　　名 ‖ 黑尾鹬。

形态特征 ‖ 体长约42 cm。体大的长腿、长嘴涉禽。似斑尾塍鹬，但体形较大，嘴不上翘，过眼线显著，上体杂斑少，尾前半部近黑色，腰及尾基白色。白色的翼上横斑明显。

生态习性 ‖ 栖息于海滨、泥地平原、河口沙洲，以及附近的农田和沼泽地带。常单独或成小群活动，喜淤泥，有时将头的大部分都埋在泥里。主要以水生和陆生昆虫、甲壳类动物和软体动物为食。

分　　布 ‖ 城市区、湿地区。

斑尾塍鹬 *Limosa lapponica*

鸻形目 CHARADRIIFORMES　鹬科 Scolopacidae

别　　名 ‖ 斑尾鹬。

形态特征 ‖ 体长约40 cm。嘴略向上翘，上体具灰褐色斑驳，具显著的白色眉纹，下体胸部沾灰色。与黑尾塍鹬的区别在于翼上横斑狭窄而色浅，白色的尾及腰上具褐色横斑。

生态习性 ‖ 栖息于海滨潮间带、河口、沼泽等地带。喜结小群活动，连续飞行能力惊人。主要以甲壳类动物、蠕虫、昆虫和植物的种子为食。

分　　布 ‖ 湿地区。

青脚滨鹬 *Calidris temminckii*

鸻形目 CHARADRIIFORMES 鹬科 Scolopacidae

形态特征 ‖ 体长约14 cm。体小而腿短。冬季上体全暗灰色；下体胸灰色，至腹部渐变为近白色。与其他滨鹬的区别在于外侧尾羽纯白色，落地时极易见，腿偏绿色或近黄色。

生态习性 ‖ 栖息于淡水湖泊浅滩、水田、河流附近的沼泽地和沙洲。集小群或大群于沿海滩涂和沼泽地带活动，也光顾潮间港湾，飞行迅速。主要以昆虫、甲壳类动物、蠕虫为食。

分　　布 ‖ 湿地区。

柯培峰©

黑腹滨鹬 *Calidris alpina*

鸻形目 CHARADRIIFORMES 鹬科 Scolopacidae

形态特征 ‖ 体长约19 cm。体小而嘴适中。眉纹白色，嘴端略有下弯，尾中央黑色而两侧白色。夏羽特征为胸部黑色，上体棕色。

生态习性 ‖ 栖息于沿海滩涂及近海的稻田和鱼塘。常成群活动于水边沙滩、泥地或浅水处。性活跃，善奔跑。以甲壳类动物、软体动物、昆虫等各种小型无脊椎动物为食。

分　　布 ‖ 湿地区。

刘金成©

彩鹬 *Rostratula benghalensis*

鸻形目 CHARADRIIFORMES 彩鹬科 Rostratulidae

形态特征‖体长约25 cm。雌鸟头及胸深栗色，眼周白色，顶纹黄色；背及两翼偏绿色，背上具白色的"V"形纹并有白色条带绕肩；下体白色。雄鸟色暗，多具杂斑而少皮黄色。

生态习性‖栖息于芦苇水塘、沼泽、河渠、河滩草地和稻田。性胆小，多在清晨、黄昏和夜间活动，白天隐藏在草丛中。主要以软体动物、昆虫，以及植物的叶、芽等为食。

分　　布‖湿地区、农田区。

袁倩敏©

环颈鸻 *Charadrius alexandrinus*

鸻形目 CHARADRIIFORMES 鸻科 Charadriidae

别　　名‖东方环颈鸻、白领鸻。

形态特征‖体长约15 cm。似金眶鸻，区别在于腿黑色，飞行时可见白色翼上横纹，尾羽外侧更白。雄鸟胸侧具黑色块斑，雌鸟此块斑为褐色。

生态习性‖栖息于海滨滩涂、沿海沼泽，以及内陆河流、湖泊、水塘、湿地、沼泽、稻田等水域。单独或成小群活动，常与其他水鸟混群。主要以昆虫、小型甲壳类动物和软体动物为食。

分　　布‖农田区、城市区、湿地区。

吴政浩©

金眶鸻 *Charadrius dubius*

鸻形目 CHARADRIIFORMES 鸻科 Charadriidae

别　　名‖黑领鸻。

形态特征‖体长约16 cm。上体沙褐色，下体白色。眼眶金黄色，有明显的白色颈圈，其下有明显的黑色颈圈，眼后白斑向后延伸至与头顶相连。

袁倩敏©

生态习性‖栖息于湖泊沿岸、河滩或稻田边。单独或成对活动，通常急速奔走一段距离后稍微停歇，然后再向前走。主要以昆虫为食，兼食植物的种子、蠕虫等。

分　　布‖农田区、城市区、湿地区。

灰头麦鸡 *Vanellus cinereus*

鸻形目 CHARADRIIFORMES 鸻科 Charadriidae

形态特征‖体长约35 cm。头及胸灰色，背褐色，翼尖、胸带及尾部横斑黑色，翼后余部、腰、尾及腹部白色。

生态习性‖栖息于沼泽、耕地、草地、河畔。多成对或集小群活动，善飞行，飞行速度慢，飞行高度亦不高。以非水生昆虫、水生动物、杂草的种子为食。

分　　布‖湿地区。

张春兰©

凤头麦鸡 *Vanellus vanellus*

鸻形目 CHARADRIIFORMES 鸻科 Charadriidae

别　　名‖ 田凫。

形态特征‖ 体长约30 cm。具长窄的黑色凤头。上体具绿黑色金属光泽，尾白色而具黑色次端带，头顶色深，头侧及喉污白色，胸近黑色，腹白色。

生态习性‖ 栖息于丘陵、平原上的湖泊、水塘、沼泽和农田地带。常集群活动，善飞行，常在空中上下翻飞。主要以鞘翅目、鳞翅目等昆虫及其幼虫为食。

分　　布‖ 湿地区。

袁倩敏©

东方鸻 *Charadrius veredus*

鸻形目 CHARADRIIFORMES 鸻科 Charadriidae

形态特征‖ 体长约24 cm。嘴短。冬羽：胸带宽，棕色，嘴狭，脸偏白色，上体全褐色，无翼上横纹。夏羽：胸橙黄色，具黑色下边，脸无黑色纹。与金斑鸻、蒙古沙鸻及铁嘴鸻的区别在于腿黄色或近粉色。一些年长鸟头部沾些白色。飞行时可见翼下包括腋羽为浅褐色。

生态习性‖ 栖息于干旱平原、山脚岩石荒地、盐碱沼泽、草地和淡水湖泊与河流岸边，冬季多出现在海湾、滩涂、河口地带和海岛。常单独和成小群活动，迁徙期间和冬季亦集成大群。多在浅水处和沙滩来回奔跑和觅食。主要以甲壳类动物、昆虫等为食。

分　　布‖ 农田区。

李小燕©

蒙古沙鸻 *Charadrius mongolus*

鸻形目 CHARADRIIFORMES 鸻科 Charadriidae

袁倩敏©

形态特征‖体长约20 cm。上体灰褐色，下体包括颏、喉、前颈、腹部白色。跗跖修长，胫下部亦裸出。中趾最长，趾间具蹼或不具蹼，后趾形小或退化。甚似铁嘴沙鸻，常与之混群，但蒙古沙鸻体较短小，嘴短而纤细。

生态习性‖栖息于海边沙滩、河口三角洲、水田、盐田，繁殖期见于内陆高原的河流、沼泽、湖泊附近的耕地、沙滩、戈壁、草原等。常单独活动，有时也成对或成小群活动，冬季常集成大群。性较大胆，常在水边沙滩上走走停停，边走边觅食。除迫不得已时，一般不起飞。主要以昆虫、软体动物等小型动物为食。

分　　布‖湿地区。

西伯利亚银鸥 *Larus vegae*

鸻形目 CHARADRIIFORMES 鸥科 Laridae

别　　名‖织女银鸥。

形态特征‖体长约62 cm。腿粉红色，冬鸟头及颈背具深色纵纹，并及胸部。上体体羽由浅灰色至灰色，通常三级飞羽及肩部具白色的宽月牙形斑。

生态习性‖栖息于海岸及河口地区。常成对或成小群活动于水面，或不断地在水面上空飞翔。主要以鱼、水生无脊椎动物为食。

分　　布‖湿地区。

柯培峰©

红嘴鸥 *Larus ridibundus*

鸻形目 CHARADRIIFORMES 鸥科 Laridae

> **别　　名** ‖ 水鸽子。

> **形态特征** ‖ 体长约40 cm。冬季时眼后具黑色点斑，嘴及脚红色，深巧克力色的头罩延伸至顶后，于繁殖期延伸至白色的后颈。翼前缘白色，翼尖的黑色并不长，翼尖无或微具白色点斑。第一冬鸟尾近尖端处具黑色横带，翼后缘黑色，体羽具褐色杂斑。

> **生态习性** ‖ 栖息于江河、湖泊、水库、海湾。在海上时浮于水上、立于漂浮物或固定物上，或与其他海洋鸟类混群，在鱼群上方做燕鸥样盘旋飞行。在陆地时，停栖于水面或地上。主要以鱼、虾、昆虫、水生植物为食。

> **分　　布** ‖ 湿地区。

袁倩敏©

黑尾鸥 *Larus crassirostris*

鸻形目 CHARADRIIFORMES 鸥科 Laridae

> **形态特征** ‖ 体长约47 cm。两翼长窄，上体深灰色，腰白色，尾白色而具宽大的黑色次端带。冬季头顶及颈背具深色斑。合拢的翼尖上具四个白色斑点。第一冬的鸟多沾褐色，脸部色浅，嘴粉红色而端黑色，尾黑色，尾上覆羽白色。第二年似成鸟但翼尖褐色，尾上黑色较多。

柯璃峰©

> **生态习性** ‖ 栖息于沿海海岸沙滩、悬岩、草地，以及邻近的湖泊、河流和沼泽地带。常成群活动。成天在海面上空飞翔或伴随船只觅食。也常群集于沿海渔场活动和觅食。有时也到河口、江河下游和附近水库与沼泽地带活动。主要在海面上捕食上层鱼类，也吃虾、软体动物、水生昆虫等。

> **分　　布** ‖ 湿地区。

渔鸥 *Larus ichthyaetus*

鸻形目 CHARADRIIFORMES　鸥科 Laridae

张琼悦©

　　形态特征‖ 体长约68 cm。头黑色而嘴近黄色，上下眼睑白色，看似巨型的红嘴鸥，但嘴厚重且色彩有异。体形与银鸥相同或略大。冬羽头白色，眼周具暗斑，头顶有深色纵纹，嘴上红色大部分消失。飞行时可见翼下全白色，仅翼尖有小块黑色并具翼镜。第一冬的鸟头白色，头及上背具灰色杂斑，嘴黄色而端黑色，尾端黑色。

　　生态习性‖ 栖息于海岸、海岛、大的咸水湖，有时也栖息于大的淡水湖和河流。常单独或成小群活动，多出入于开阔的海边盐碱地和沼泽地上，特别是生长有矮小盐碱植物的泥质滩涂。也频繁地在附近水域上空飞翔，有时亦出现于内陆湖泊。主要以鱼为食，也吃鸟卵、雏鸟、蜥蜴、昆虫、甲壳类动物，以及鱼、其他动物内脏等。

　　分　　布‖ 湿地区。

普通燕鸥 *Sterna hirundo*

鸻形目 CHARADRIIFORMES　燕鸥科 Sternidae

　　形态特征‖ 体长约35 cm。繁殖期头顶、后颈黑色，非繁殖期前额白色，头顶具黑白色杂斑，前翼具近黑色横纹，外侧尾羽羽缘近黑色。喙夏季红色而先端黑色，冬季全黑色。

　　生态习性‖ 栖息于湖泊、河流、沿海和沼泽地带。常成小群活动，频繁地飞翔于水域和沼泽上空。主要以鱼、甲壳类动物、昆虫等小型动物为食。

　　分　　布‖ 农田区。

袁倩敏©

白翅浮鸥 *Chlidonias leucopterus*

鸻形目 CHARADRIIFORMES 燕鸥科 Sternidae

    别   名 ‖ 白翅黑海燕、白翅黑燕鸥。

    形态特征 ‖ 体长约23 cm。尾浅开叉。繁殖期头、背及胸黑色，与白色尾及浅灰色翼形成明显反差；翼上近白色，翼下覆羽明显黑色。非繁殖期上体浅灰色，头后具灰褐色杂斑，下体白色。

    生态习性 ‖ 栖息于内陆河流、湖泊、沼泽、河口、水塘中。常成群活动，多在水面低空飞行，觅食时能频繁振翅使身体浮于空中观察。主要以鱼、虾、水生昆虫等水生动物为食。

    分   布 ‖ 农田区。

袁倩敏©

灰翅浮鸥 *Chlidonias hybrida*

鸻形目 CHARADRIIFORMES 燕鸥科 Sternidae

    别   名 ‖ 须浮鸥。

    形态特征 ‖ 体长约25 cm。体形略小的浅色燕鸥。腹部深色，尾浅开叉。繁殖期额黑色，胸腹灰色。非繁殖期额白色，头顶具细纹，顶后及颈背黑色，下体白色，翼、颈背、背及尾上覆羽灰色。

    生态习性 ‖ 栖息于开阔平原、湖泊、水库、河口、海岸和沼泽地带。常成群活动，频繁地在水面上空振翅飞翔。主要以鱼、虾、水生昆虫等水生动物为食。

    分   布 ‖ 湿地区。

薄顺奇©

鸥嘴噪鸥 *Gelochelidon nilotica*
鸻形目 CHARADRIIFORMES 燕鸥科 Sternidae

　　形态特征‖ 体长约39 cm。中等体形的浅色燕鸥。尾狭而尖叉，嘴黑色。成鸟冬季下体白色，上体灰色，头白色，颈背具灰色杂斑，黑色块斑过眼。夏季头顶全黑色。

　　生态习性‖ 栖息于内陆淡水湖泊、咸水湖泊、河流及沼泽地带。单独或成小群活动，常出入于海滨、河口及湖边沙滩和泥地。主要以昆虫、蜥蜴和鱼为食。

　　分　　布‖ 湿地区。

薄顺奇©

粉红燕鸥 *Sterna dougallii*
鸻形目 CHARADRIIFORMES 燕鸥科 Sternidae

　　形态特征‖ 体长约39 cm。头顶黑色。白色的尾甚长且开深叉。夏季成鸟头顶黑色，翼上及背部浅灰色，下体白色，胸部淡粉色。冬羽前额白色，头顶具杂斑，粉色消失。初级飞羽外侧羽近黑色。幼鸟嘴及腿黑色，头顶、颈背及耳覆羽灰褐色，背的褐色比普通燕鸥深，尾白色而无延长。

柯培峰©

　　生态习性‖ 栖息于海岸、港湾的岩礁、沙滩、海上岛屿及开阔海洋。常结群或与其他燕鸥混群活动。在浅水处或海面上空飞翔，搜寻食物。飞翔时双翅频繁扇动，也常常降落于岩礁上休息。主要以小型鱼类为食，也捕食昆虫、海洋无脊椎动物等。

　　分　　布‖ 湿地区。

红嘴巨燕鸥 *Hydroprogne caspia*

鸻形目 CHARADRIIFORMES 燕鸥科 Sternidae

薄顺奇©

別　　名‖红嘴巨燕鸥。

形态特征‖体长约49 cm。体形硕大。具较大的红嘴，顶冠夏季黑色，冬季白色并具纵纹。初级飞羽腹面黑色。亚成鸟上体具褐色横斑。

生态习性‖栖息于沿海海岸、内陆河口、湖泊等水域的红树林中。常结群活动。喜食昆虫。

分　　布‖湿地区。

白额燕鸥 *Sterna albifrons*

鸻形目 CHARADRIIFORMES 燕鸥科 Sternidae

別　　名‖小燕鸥、小海燕。

形态特征‖体长约24 cm。体小的浅色燕鸥。尾开叉浅。夏季头顶、颈背及过眼线黑色，额白色。冬季头顶及颈背黑色缩小至月牙形，翼前缘黑色、后缘白色。

生态习性‖栖息于海边沙滩、湖泊、河流、水库、沼泽等水域附近的草丛和灌丛中。常成群结队活动，与其他燕鸥混群。以鱼、虾、水生昆虫和其他水生无脊椎动物为食。

分　　布‖湿地区。

薄顺奇©

山斑鸠 *Streptopelia orientalis*

鸽形目 COLUMBIFORMES 鸠鸽科 Columbidae

别　　名‖ 山鸠、金背鸠、东方斑鸠、山鸽子、金背斑鸠、麒麟鸠、雉鸠、麒麟斑、花翼。

形态特征‖ 体长约 32 cm。颈侧有带明显黑白色条纹的块状斑。上体具深色扇贝形斑纹，体羽羽缘棕色，腰灰色，尾羽近黑色，尾梢浅灰色。下体多偏粉色，脚红色。

生态习性‖ 栖息于低山丘陵、平原和山地阔叶林、混交林、次生林。成对活动，多见于开阔农耕区、村庄及寺院周围，取食于地面。以高粱谷、粟谷为食。

分　　布‖ 广州全境。

袁倩敏©

袁倩敏©

珠颈斑鸠 *Streptopelia chinensis*

鸽形目 COLUMBIFORMES　**鸠鸽科** Columbidae

　　别　　　名‖ 花脖斑鸠、珍珠鸠、斑颈鸠、珠颈鸽、鸪雕、鸪鸟、中斑、花斑鸠、斑甲。

　　形 态 特 征‖ 体长约30 cm。颈侧有明显的带白点的黑色斑块，尾略显长，飞行时外侧尾羽的白色边明显。嘴黑色，脚红色。

　　生 态 习 性‖ 栖息于村庄周围、城区、竹林。常成对立于开阔路面。受干扰后缓缓振翅，贴地而飞。主要以各种植物的果实和种子为食。

　　分　　　布‖ 广州全境。

袁倩敏©

袁倩敏©

火斑鸠 *Streptopelia tranquebarica*

鸽形目 COLUMBIFORMES　鸠鸽科 Columbidae

别　　名 ‖ 红鸠、红斑鸠、斑甲、红咖追、火鸪鵻。

形态特征 ‖ 体长约23 cm。颈部的黑色半颈圈前端白色。雄鸟头部偏灰色，下体偏粉色，翼覆羽棕黄色。初级飞羽近黑色，青灰色的尾羽羽缘及外侧尾端白色。雌鸟色较浅且暗，头暗棕色，体羽红色较少。

生态习性 ‖ 栖息于开阔的平原、田野、村庄、果园和山麓疏林及宅旁竹林地带，也出现于低山丘陵和林缘地带。常成对或成群活动，有时亦与山斑鸠和珠颈斑鸠混群活动。喜欢栖息于电线上或高大的枯枝上。主要以植物的种子和果实为食，有时也食昆虫及其蛹等动物性食物。

分　　布 ‖ 森林区、农田区。

灰斑鸠 *Streptopelia decaocto*

鸽形目 COLUMBIFORMES　鸠鸽科 Columbidae

形态特征 ‖ 体长约23 cm。头顶灰色，后颈具黑白色半颈圈，上体粉灰色，下体浅灰色，脚粉红色，喙灰色。

生态习性 ‖ 栖息于平原、丘陵林地和农田。群居物种，多成小群或与其他斑鸠混群活动。主要以各种植物的果实与种子为食。

分　　布 ‖ 森林区、农田区、城市区。

绿翅金鸠 *Chalcophaps indica*

鸽形目 COLUMBIFORMES　鸠鸽科 Columbidae

　　别　　名 ‖ 绿背金鸠。

　　形态特征 ‖ 体长约25 cm。下体粉
红色，头顶灰色，额白色，腰灰色，两
翼亮绿色。雌鸟头顶无灰色。飞行时背
部两道黑色和白色横纹清晰可见。

　　生态习性 ‖ 栖息于山地森林。通
常单独或成对活动于森林下层植被浓密
处。主要以植物的果实和种子为食。

　　分　　布 ‖ 森林区、农田区。

广东省科学院 ©

八声杜鹃 *Cacomantis merulinus*

鹃形目 CUCULIFORMES　杜鹃科 Cuculidae

　　别　　名 ‖ 八声悲鹃、雨鹃、八声喀咕。

　　形态特征 ‖ 体长21～25 cm。头灰色，背及尾褐色，胸腹橙褐色。

　　生态习性 ‖ 栖息于村边、果园、公园、庭院，以及路旁的树上，喜开阔林地、次生
林及农耕区。常被小型鸟群围攻。叫声环绕于耳，但却难以被发现。主要以昆虫为食。

　　分　　布 ‖ 广州全境。

袁倩敏 ©

四声杜鹃 *Cuculus micropterus*

鹃形目 CUCULIFORMES 杜鹃科 Cuculidae

别　　名‖光棍好过、豌豆八哥、关公好哭、伯伯插田。

形态特征‖体长约30 cm。头及颈灰色，上体与两翅深褐色。初级飞羽内有白色横斑，腹部有黑色细横斑。尾羽具白色斑点和宽阔的近端黑斑。

生态习性‖栖息于山地森林和次生林上层。流动性大，无固定的居留地。出没于平原至高山的大森林中，性隐蔽。主要以昆虫为食，尤喜鳞翅目昆虫幼虫。

分　　布‖广州全境。

张春兰©

乌鹃 *Surniculus dicruroides*

鹃形目 CUCULIFORMES 杜鹃科 Cuculidae

别　　名‖卷尾鸦。

形态特征‖体长约23 cm。全身黑色，腿为白色。

生态习性‖栖息于居民点附近树木茂盛的地方。性羞怯。外形似卷尾，但飞行姿势、动作均不同。主要以植物的果实为食。

分　　布‖森林区、农田区、城市区。

袁倩敏©

噪鹃 *Eudynamys scolopacea*
鹃形目 CUCULIFORMES **杜鹃科** Cuculidae

别　　名‖嫂鸟、鬼郭公、哥好雀、婆好。

形态特征‖体长35～45 cm。嘴绿色。雄鸟全身黑色，具蓝色光泽，嘴绿色。雌鸟身体杂褐色，布满白色斑块，下身具横斑。

生态习性‖栖息于居民点附近树木茂盛的地方。常躲在稠密的红树林、次生林、森林、园林及人工林中。性隐蔽，难得一见。昼夜发出响亮叫声，但常常只闻其声难觅其踪。在其他鸟类的鸟巢中产卵。食性较杂，主要以植物的果实为食，兼食昆虫。

分　　布‖广州全境。

袁倩敏©

褐翅鸦鹃 *Centropus sinensis*

鹃形目 CUCULIFORMES 杜鹃科 Cuculidae

别　　名 ‖ 大毛鸡、红毛鸡、毛鸡、红鹑、绿结鸡、落谷。

形态特征 ‖ 体长约52 cm。通体黑色并具金属光泽，仅上背、翼及翼覆羽为栗红色，翼下覆羽黑色，尾羽有较明显横斑。

生态习性 ‖ 栖息于林缘地带、次生灌丛、多芦苇的河岸及红树林。常下至地面活动，也在小灌丛及树间跳动。喜欢单独或成对活动，很少成群。鸣声连续不断，从单调低沉到响亮，其声似"嗷嗷"声，好像远处的狗吠声，数里之外都能听见，尤以早晨和傍晚鸣叫最为频繁。主要以昆虫、蚯蚓等为食。

分　　布 ‖ 广州全境。

袁倩敏©

袁倩敏©

小鸦鹃 *Centropus bengalensis*

鹃形目 CUCULIFORMES 杜鹃科 Cuculidae

袁倩敏©

别　　名‖小毛鸡、小乌鸦雉、小雉喀咕、小黄蜂。

形态特征‖体长30～42 cm。体形略大，通体以粟色和黑色为主。尾长，似褐翅鸦鹃，肩部和两翅为栗色，头黑色，但体形较小，色彩暗淡，色泽显污浊。上背及两翼的栗色较浅且现黑色。

生态习性‖栖息于山地、平原、林区、草地、农田、村边、果园、矮树丛、山边灌丛、沼泽等地。有时做短距离飞行，从植被上掠过。主要以昆虫、蚯蚓等为食。

分　　布‖广州全境。

小杜鹃 *Cuculus poliocephalus*

鹃形目 CUCULIFORMES 杜鹃科 Cuculidae

别　　名‖点灯捉蛇蚤、小郭公。

形态特征‖体长约26 cm。眼圈黄色。上体灰色，头、颈及上胸浅灰色。下胸及下体余部白色且具清晰的黑色横斑，臀部沾皮黄色。尾灰色，尾端有白色窄边。雌鸟另有棕红色型，全身具黑色条纹。

生态习性‖栖息于多森林覆盖的乡野。性孤僻，常单独活动。性藏匿，常躲藏在茂密的枝叶丛中鸣叫。尤以清晨和黄昏鸣叫最为频繁，有时夜间也鸣叫，每次鸣叫由6个音节组成，重复3次，鸣声清脆有力。飞行迅速，常低飞，每次飞行距离较远。以昆虫为食，尤以鳞翅目昆虫幼虫为主要食物，偶尔也吃植物的果实和种子。

分　　布‖森林区、城市区、农田区。

广东省科学院©

大杜鹃 *Cuculus canorus*

鹃形目 CUCULIFORMES 杜鹃科 Cuculidae

别　　名‖布谷、郭公、获谷。

形态特征‖体长约32 cm。上体灰色，尾偏黑色，腹部近白色而具黑色横斑。棕红色变异型雌鸟为棕色，背部具黑色横斑。幼鸟枕部有白色块斑。

生态习性‖栖息于近水的开阔林地。常隐伏在树叶间，平时只听到鸣声，很少见到。主要以鳞翅目幼虫、鞘翅目昆虫、蜘蛛等为食。

分　　布‖城市区。

袁倩敏©

红翅凤头鹃 *Clamator coromandus*

鹃形目 CUCULIFORMES 杜鹃科 Cuculidae

形态特征‖体长约45 cm。尾长，具显眼的直立凤头。顶冠及凤头黑色，背及尾黑色而带蓝色光泽，翼栗色，喉及胸橙褐色，颈圈白色，腹部近白色。

生态习性‖栖息于低山丘陵、山麓平原等开阔地带的疏林和灌木林中。多单独活动，常活跃于暴露的树枝间。主要以白蚁、鳞翅目昆虫幼虫、鞘翅目昆虫等为食。

分　　布‖森林区、农田区、城市区。

陈翠丽©

红头咬鹃 *Harpactes erythrocephalus*

咬鹃目 TROGONIFORMES　咬鹃科 Trogonidae

　　别　　　名 ‖ 红姑鸽。

　　形态特征 ‖ 体长约 33 cm。雄鸟以红色的头部为特征。背部颈圈缺失，红色的胸部上具狭窄的半月形白环。雌鸟与其他雌咬鹃的区别在于腹部红色，胸部具半月形白环；而与所有雄咬鹃的区别在于头黄褐色。

　　生态习性 ‖ 栖息于热带雨林及次生常绿阔叶林内。在密林的低树枝上猎取食物。主要以野果及蝗虫、螳螂等昆虫为食。

　　分　　　布 ‖ 森林区、农田区、城市区。

袁倩敏©

领角鸮 *Otus bakkamoena*

鸮形目 STRIGIFORMES 鸱鸮科 Strigidae

形态特征‖体长20～24 cm。具明显的耳羽簇及特征性的浅沙色颈圈。上体偏灰色或沙褐色，多具黑色及皮黄色的杂纹或斑块；下体皮黄色带黑色条纹。

生态习性‖栖息于山地阔叶林和混交林中，也出现于山麓林缘和村寨附近的树林内。大部分夜间栖息于低处，繁殖期叫声哀婉。从栖处跃至地面捕捉猎物。主要以鼠、蝗虫、鞘翅目昆虫等为食。

分　　布‖广州全境。

广东省科学院©

短耳鸮 *Asio flammeus*

鸮形目 STRIGIFORMES　鸱鸮科 Strigidae

别　　名 ‖ 小耳木兔、短耳猫。

形态特征 ‖ 体长约38 cm。翼长，面盘显著，短小的耳羽簇于野外不可见，眼为光艳的黄色，眼圈色暗。上体黄褐色，满布黑色和皮黄色纵纹；下体皮黄色，具深褐色细纵纹。飞行时黑色腕斑显而易见。

广东省科学院©

生态习性 ‖ 栖息于有草的开阔地。多在黄昏和晚上活动和猎食，但也在白天活动，平时多在地上或潜伏于草丛中，很少栖息于树上。飞行时不慌不忙，不高飞，多贴地面飞行。主要以鼠为食，也食鸟、蜥蜴、昆虫等，偶尔也食植物的果实和种子。

分　　布 ‖ 森林区。

领鸺鹠 *Glaucidium brodiei*

鸮形目 STRIGIFORMES　鸱鸮科 Strigidae

形态特征 ‖ 体长约16 cm。面盘不显著，多横斑，眼黄色，颈圈浅色，无耳羽簇。上体浅褐色而具橙黄色横斑，头顶灰色，具白色或皮黄色的小型眼状斑，喉白色而满具褐色横斑，胸及腹部皮黄色而具黑色横斑，大腿及臀白色而具褐色纵纹。

生态习性 ‖ 栖息于山地、林区等地。白日里发出叫声或遭受其他鸟的围攻时可见于高树。夜晚栖息于高树，由凸显的栖木上出猎捕食。飞行时振翼极快。主要以昆虫和鼠为食，也食鸟和其他小型动物。

分　　布 ‖ 森林区、农田区、城市区。

袁倩敏©

斑头鸺鹠 *Glaucidium cuculoides*

鸮形目 STRIGIFORMES 鸱鸮科 Strigidae

別　　　名∥猫王鸟。

形 态 特 征∥体长约24 cm。面盘不明显，没有耳羽簇。体羽为褐色。

生 态 习 性∥栖息于山地、林区等地。大多单独或成对活动。大多在白天活动和觅食，能像鹰一样在空中捕食，也在晚上活动。主要以蝗虫、螳螂、蝉、蟋蟀、蚂蚁、蜻蜓、鞘翅目、鳞翅目等各种昆虫及其幼虫为食，也捕食鼠、鸟、蚯蚓、蛙、蜥蜴等动物。

分　　　布∥森林区、城市区。

池鸿健©

普通夜鹰 *Caprimulgus indicus*
夜鹰目 CAPRIMULGIFORMES 夜鹰科 Caprimulgidae

别　　　名‖蚊母鸟、贴树皮、鬼鸟、夜燕。

形态特征‖体长约28 cm。雄鸟偏灰色，缺少长尾夜鹰的锈色颈圈，外侧四对尾羽具白色斑纹。雌鸟块斑呈皮黄色。

生态习性‖栖息于林缘疏林和农田附近的竹林中。常单独或成对活动，夜行性。以蚊、鞘翅目等昆虫为食。

分　　　布‖森林区。

李小燕©

林夜鹰 *Caprimulgus affinis*

夜鹰目 CAPRIMULGIFORMES 夜鹰科 Caprimulgidae

  别　　名‖贴树皮、蚊母鸟。

  形态特征‖体长约22 cm。体形稍小的纯色夜鹰。雄鸟的特征为外侧尾羽白色，白色喉带分裂成两块斑。雌鸟多为棕色，尾部无白色斑纹。

  生态习性‖白天栖息于地面，或城市高平建筑物的顶部。常被城市灯光吸引。以昆虫为食。

  分　　布‖森林区。

张春兰©

小白腰雨燕 *Apus nipalensis*

雨燕目 APODIFORMES 雨燕科 Apodidiae

  别　　名‖小雨燕、台燕、家雨燕。

  形态特征‖体长11～15 cm。喉及腰白色，背和尾黑褐色，微带蓝绿色光泽。尾为平尾，中间微凹。羽轴褐色。尾上覆羽暗褐色，具铜色光泽。

  生态习性‖栖息于河流、水库等水源附近，营巢于屋檐下、悬崖或洞穴口。成大群活动，在开阔地的上空捕食。主要以膜翅目等飞行昆虫为食。

  分　　布‖广州全境。

广东省科学院©

三宝鸟 *Eurystomus orientalis*

佛法僧目 CORACIIFORMES 佛法僧科 Coraciidae

别　　名 ‖ 阔嘴鸟、佛法僧、老鸹翠、宽嘴佛法僧、东方宽嘴转鸟。

形态特征 ‖ 体长约 30 cm。中等体形的深色佛法僧。具宽阔的红嘴（亚成鸟为黑色）。整体色彩为暗蓝灰色，但喉为亮蓝色。飞行时可见两翼中心有对称的亮蓝色圆圈状斑块。雌雄同色。

生态习性 ‖ 栖息于针阔叶混交林、阔叶林林缘路边及河谷两岸高大的乔木上。早、晚活动频繁。因其头和嘴看似猛禽，有时会遭成群小鸟的围攻。喜食绿色金龟子等鞘翅目昆虫，也捕食蝗虫等。

分　　布 ‖ 农田区、城市区。

袁倩敏©

蓝喉蜂虎 *Merops viridis*

佛法僧目 CORACIIFORMES 蜂虎科 Meropidae

别　　名 ‖ 红头吃蜂鸟。

形态特征 ‖ 体长约 28 cm。头顶及上背巧克力色，过眼线黑色，翼蓝绿色，腰及长尾浅蓝色，下体浅绿色，以蓝喉为特征。

生态习性 ‖ 栖息于近海低洼处的开阔原野及林地。繁殖期群鸟聚于多沙地带。少飞行或滑翔，宁待在栖木上等待过往昆虫。以昆虫为食，偶从水面或地面拾食昆虫。

分　　布 ‖ 森林区、农田区、城市区。

曹宏芬©

栗喉蜂虎 *Merops philippinus*
佛法僧目 CORACIIFORMES 蜂虎科 Meropidae

别　　　名‖红喉吃蜂鸟。

形态特征‖体长约30 cm。体形略大、体态优雅。黑色的过眼纹上下均为蓝色，头及上背绿色，腰、尾蓝色，颏黄色，喉栗色，腹部浅绿色。飞行时下翼羽橙黄色。雌雄同色。

生态习性‖栖息于海拔1 200 m以下的开阔环境。结群聚于开阔地捕食。常站在裸露树枝或电线上，懒散地迂回滑翔以觅食昆虫。主要以蜻蜓、蝴蝶、蜜蜂、苍蝇、鞘翅目昆虫等为食。

分　　　布‖广州全境。

袁倩敏©

普通翠鸟 *Alcedo atthis*
佛法僧目 CORACIIFORMES 翠鸟科 Alcedinidae

别　　　名‖翠鸟、小翠、钓鱼郎、鱼虎、鱼狗、钓鱼翁、金鸟仔、大翠鸟。

形态特征‖体长约15 cm。上体蓝绿色，颈侧具白色点斑；中央具一条蓝带；下体橙棕色，颏白色。识别特征为橘黄色条带横贯眼部及耳羽。幼鸟色暗淡，具深色胸带。

生态习性‖栖息于开阔郊野的淡水湖泊、溪流、运河、平原河谷、水库、水塘、鱼塘，以及水田岸边和红树林。喜在岩石或探出的枝头上，转头四顾寻鱼而入水捕捉。主要以鱼为食。

分　　　布‖广州全境。

袁倩敏©

白胸翡翠 *Halcyon smyrnensis*
佛法僧目 CORACIIFORMES 翠鸟科 Alcedinidae

　别　　　名‖白喉翡翠、白胸鱼狗、翠碧鸟、翠毛鸟、红嘴吃鱼鸟、鱼虎。

　形态特征‖体长约27 cm。嘴赤红色，头颈和腹部栗色，胸部白色；上背、翼及尾蓝色且鲜亮如闪光，翼上覆羽上部及翼端黑色。

　生态习性‖栖息于旷野、河流、池塘、湖边、海边、水库、沼泽、稻田等水域。性活泼而喧闹，主要以鱼、蟹、软体动物和水生昆虫为食。

　分　　　布‖城市区、湿地区。

袁倩敏©

池鸿健©

斑鱼狗 *Ceryle rudis*

佛法僧目 CORACIIFORMES 翠鸟科 Alcedinidae

池鸿健©

  别 名‖ 花斑钓鱼郎、冠翠鸟。

  形态特征‖ 体长约27 cm。冠羽较小，具显眼白色眉纹。上体黑色而多具白点。初级飞羽及尾羽基白色而梢部黑色。下体白色，胸部上有黑色的宽阔条带，其下具狭窄的黑斑。雌鸟胸带不如雄鸟宽。

  生态习性‖ 栖息于河流、湖边、池塘、水库、沼泽、稻田等水域。成对或结群活动于较大水体及红树林，喜嘈杂。唯一常盘桓水面寻食的鱼狗。主要以鱼为食，兼食甲壳类动物和多种水生昆虫及其幼虫。

  分 布‖ 城市区。

戴胜 *Upupa epops*

戴胜目 UPUPIFORMES 戴胜科 Upupidae

  别 名‖ 鸡冠鸟、臭姑鸪、咕咕翅、臭咕咕。

  形态特征‖ 体长约30 cm。头、上背、肩及下体粉棕色，两翼及尾具黑白相间的条纹。嘴长且下弯。具长且尖部黑色的耸立的粉棕色丝状冠羽，直竖时就像一把打开的折扇，随同鸣叫时起时伏；受惊、鸣叫或在地上觅食时，冠能耸起。

  生态习性‖ 栖息于山地、平原、林区、草地、农田、村边、果园等地。性活泼，喜开阔潮湿地面，一旦受惊，立即飞向附近的高处。性较为驯善，不太畏人。以昆虫及其幼虫为食。

  分 布‖ 城市区。

袁倩敏©

大拟啄木鸟 *Megalaima virens*

䴕形目 PICIFORMES　拟䴕科 Capitonidae

　　形态特征 ‖ 体长30～35 cm。头大，呈墨蓝色；嘴特大，呈草黄色。上体多绿色，腹部淡黄色并带深绿色纵纹，尾下覆羽亮红色。

　　生态习性 ‖ 栖息于常绿阔叶林中，有时数只集于一棵树顶鸣叫。飞行如啄木鸟，升降幅度大。主要以马桑、五加科植物，以及其他植物的花、果实和种子为食。

　　分　　布 ‖ 广州全境。

广东省科学院©

黑眉拟啄木鸟 *Megalaima oorti*

䴕形目 PICIFORMES　拟䴕科 Capitonidae

　　形态特征 ‖ 体长约20 cm。体形略小。头部有蓝、红、黄、黑四色。眉黑色，颊蓝色，喉黄色，颈侧具红点。

　　生态习性 ‖ 典型的冠栖拟啄木鸟。晚上多栖息于树洞中。常单独或成小群活动。鸣声单调而洪亮，常不断地重复鸣叫。以植物的果实、昆虫为食。

　　分　　布 ‖ 森林区、农田区、城市区。

袁倩敏©

蚁䴕 *Jynx torquilla*

䴕形目 PICIFORMES 啄木鸟科 Picidae

别　　名‖ 歪脖鸟、蛇颈鸟、蛇皮鸟、歪脖、地啄木。

形态特征‖ 体长约17 cm。体小的灰褐色啄木鸟。特征为体羽斑驳杂乱，下体具小横斑。嘴相对短，呈圆锥形。就啄木鸟而言尾羽较长，具不明显的横斑。

袁倩敏©

生态习性‖ 栖息于灌丛。不同于其他啄木鸟，蚁䴕栖息于树枝而不攀树，也不錾啄树干取食。通常单独活动，有人靠近时做头部往两侧扭动的动作。取食地面蚂蚁。

分　　布‖ 农田区、湿地区。

斑姬啄木鸟 *Picumnus innominatus*

䴕形目 PICIFORMES 啄木鸟科 Picidae

别　　名‖ 歪脖鸟。

形态特征‖ 体长约10 cm。特征为下体多黑色点斑，脸及尾部有黑白色纹。雄鸟前额橘黄色。

生态习性‖ 栖息于热带低山混合林的枯树或树枝上，尤喜竹林。觅食时持续发出轻微的叩击声。主要以蚂蚁、鞘翅目昆虫和其他昆虫为食。

分　　布‖ 森林区、农田区、城市区。

广东省科学院©

大斑啄木鸟 *Dendrocopos major*

鴷形目 PICIFORMES　啄木鸟科 Picidae

别　　名‖赤鴷、臭奔得
儿木、花奔得儿木、花啄木、白
花啄木鸟、啄木冠、叼木冠。

形态特征‖体长约24 cm。
雄鸟枕部具狭窄的红色带而雌鸟
无，两性臀部均为红色。带黑色
纵纹的大斑啄木鸟近白色胸部上
无红色或橙红色。

生态习性‖栖息于山地和
平原针叶林、针阔叶混交林和
阔叶林中，尤以混交林和阔叶林中较多，也出现于林缘次生林和田边疏林及灌丛地带。察
觉有虫时，就啄破树皮，以舌探入钩取害虫为食。索食时，从树干下方以螺旋式渐攀至上
方。主要以蝗虫、鞘翅目昆虫等各种昆虫及其幼虫为食。

分　　布‖广州全境。

袁倩敏©

灰头绿啄木鸟 *Picus canus*

鴷形目 PICIFORMES　啄木鸟科 Picidae

别　　名‖山啄木、火老鸦、绿奔得儿木、香奔得儿木、黄啄木、绿啄木、黑枕绿
啄木鸟。

形态特征‖体长约27 cm。雄鸟
上体背部绿色，额部和顶部红色，枕
部灰色并有黑纹，下体灰绿色。雌雄
相似，但雌鸟头顶和额部非红色。

生态习性‖栖息于低山阔叶林和
混交林，也出现于次生林和林缘地带，
很少到原始针叶林中。秋冬季常出现
于路旁、农田、地边疏林，也常到村
庄附近小林内活动。常单独或成对活
动，很少成群。飞行迅速，呈波浪式
前进。常在树干的中下部取食，也常
在地面取食，尤其在地上倒木和蚁冢
上活动较多。平时很少鸣叫。主要以
鳞翅目、鞘翅目、膜翅目等昆虫为食。

分　　布‖城市区。

张春兰©

星头啄木鸟 *Dendrocopos canicapillus*
䴕形目 PICIFORMES 啄木鸟科 Picidae

形态特征 ‖ 体长约 15 cm。下体无红色，头顶灰色。雄鸟眼后上方具红色条纹，腹部棕黄色并具近黑色条纹。

生态习性 ‖ 栖息于山地和平原阔叶林、针阔叶混交林和针叶林中，也出现于杂木林和次生林，以及村边和耕地中的零星乔木上。常单独或成对活动，仅带雏期间成家族群活动。多在树中上部活动和取食，偶尔也到地面倒木和树枝上取食。主要以蚂蚁，以及鞘翅目、半翅目和鳞翅目昆虫为食，偶尔也吃植物的果实和种子。

分　　布 ‖ 森林区。

袁倩敏©

小云雀 *Alauda gulgula*

雀形目 PASSERIFORMES 百灵科 Alaudidae

别　　名‖大鹨、天鹨、百灵、告天鸟、阿鹨、阿兰、朝天柱。

形态特征‖体长约15 cm。体小。有褐色斑驳，似鹨。略具浅色眉纹及羽冠。嘴较厚重，翼上无棕色。飞行时白色后翼缘较小。

生态习性‖栖息于长有短草的开阔地区。经常快速冲入天空，展翅高歌之后落地。雄性有时会停在半空中歌唱，吸引伴侣。主要以植物性食物为食，也吃部分昆虫。

分　　布‖广州全境。

袁倩敏©

家燕 *Hirundo rustica*

雀形目 PASSERIFORMES 燕科 Hirundinidae

别　　　名‖燕子、拙燕、观音燕。

形态特征‖体长16～20 cm。上体钢蓝色，胸偏红色而具一道蓝色胸带，腹白色。尾甚长，近端处具白色点斑，犹如一把小巧的剪刀。

生态习性‖栖息于人类居住的环境，降落在枯树枝、柱子及电线上。各自寻食，但大量的鸟常取食于同一地点。即使在城市，有时也结大群夜栖一处。在高空滑翔及盘旋，或者低飞于地面或水面捕捉小昆虫。觅食各类昆虫。

分　　　布‖广州全境。

袁倩敏©

袁倩敏©

金腰燕 *Cecropis daurica*

雀形目 PASSERIFORMES 燕科 Hirundinidae

  别 名 ‖ 赤腰燕、胡燕、花燕儿、巧燕。

  形态特征 ‖ 体长16～20 cm。体羽上体黑色，两翼及尾黑白相间。浅栗色的腰与深钢蓝色的上体形成对比，后颈深栗色，下体白色而密布黑色细纹，尾长分叉。

  生态习性 ‖ 栖息于低山及平原居民点附近的枯树枝、柱子及电线上。常在高空滑翔及盘旋，或者低飞于地面或水面。大量的鸟常取食于同一地点。有时结大群夜栖一处。以昆虫为食。

  分 布 ‖ 广州全境。

袁倩敏©

袁倩敏©

灰树鹊 *Dendrocitta formosae*
雀形目 PASSERIFORMES 鸦科 Corvidae

  形态特征‖ 体长约 38 cm。体形略大。颈背灰色，上背褐色，臀部棕色，尾黑色，或中央尾羽灰色，黑色翼上有一小块白斑。

  生态习性‖ 栖息于低处等待猎物，于地面或树叶间捕食，常在树冠的中上层穿行跳跃。性怯懦而吵嚷，有时吵闹成群或与其他种类混群活动。主要以浆果、坚果等植物的果实与种子为食，也食昆虫、雏鸟、鸟卵及动物尸体等。

  分 布‖ 森林区、农田区、城市区。

袁倩敏©

喜鹊 *Pica pica*

雀形目 PASSERIFORMES **鸦科** Corvidae

    别   名‖鹊、客鹊、飞驳鸟。

    形态特征‖体长约45 cm。通体黑色且具蓝紫色光泽，颏、喉黑色，腹白色，长尾黑绿色，两翼有白色斑。

    生态习性‖栖息于郊野、村庄、公园。适应性强，中国北方的农田或城市中的高楼大厦均可为家。巢用拱圆形树棍胡乱堆搭，经年不变。结小群活动。多从地面取食，杂食性。

    分   布‖广州全境。

广东省科学院©

红嘴蓝鹊 *Urocissa erythrorhyncha*

雀形目 PASSERIFORMES **鸦科** Corvidae

    别   名‖尾山鸦、长尾山鹊、长尾巴练、赤尾山鸦。

    形态特征‖体长65～68 cm。嘴和脚红色。头、颈、喉及胸黑色，头顶至后颈杂以白色斑。上体蓝色至蓝灰色，下体白色沾灰色。尾羽楔形、特长、呈蓝色，尾端白色。

    生态习性‖栖息于林缘地带、灌丛、公园甚至村庄。性喧闹，结小群活动。以植物的果实、小型鸟类及鸟卵、昆虫和动物尸体为食，常在地面取食。

    分   布‖广州全境。

袁倩敏©

大嘴乌鸦 *Corvus macrorhynchos*
雀形目 PASSERIFORMES 鸦科 Corvidae

别　　名‖老鸦。

形态特征‖体长46～55 cm。羽毛具金属光泽，嘴甚粗厚，嘴峰弯曲，嘴基有长羽，额头明显向上呈拱圆形。长尾呈楔形。

分　　布‖广州全境。

袁倩敏©

松鸦 *Garrulus glandarius*
雀形目 PASSERIFORMES 鸦科 Corvidae

别　　名‖山和尚。

形态特征‖体长28～35 cm。翼上具黑色及蓝色镶嵌图案，腰白色。髭纹黑色，两翼黑色且具白色块斑。飞行时两翼显得宽圆。

生态习性‖栖息于落叶林地及森林。性喧闹，除繁殖期多见成对活动外，其他季节多集成三至五只的小群四处游荡。主动围攻猛禽。以植物的果实、鸟卵、动物的尸体及橡树子为食。

分　　布‖城市区。

广东省科学院©

白颈鸦 *Corvus pectoralis*

雀形目 PASSERIFORMES　鸦科 Corvidae

　　形态特征‖体长约54 cm。嘴粗厚，颈背及胸带明显的白色使其有别于同地区的其他鸦类，仅与寒鸦略似，但寒鸦较之体甚小而下体甚多白色。

　　生态习性‖栖息于平原、耕地、河滩、城镇及村庄。有时与大嘴乌鸦混群出现。以植物的种子、昆虫、垃圾、腐肉等为食。

　　分　　布‖广州全境。

张春兰©

白鹡鸰 *Motacilla alba*

雀形目 PASSERIFORMES　鹡鸰科 Motacillidae

　　别　　名‖白面鸟、白颊鹡鸰、白颤儿、马兰花儿、眼纹鹡鸰。

　　形态特征‖体长17～20 cm。上体灰色，下体白色，两翼及尾黑白相间。雌鸟羽色暗。飞行时呈波浪式前进，停栖时尾部不停上下摆动。

　　生态习性‖栖息于近水的开阔地带、稻田、溪流边及道路上。受惊扰时飞行骤降，发出示警叫声。以昆虫为食，也食其他小型无脊椎动物。

　　分　　布‖广州全境。

袁倩敏©

灰鹡鸰 *Motacilla cinerea*

雀形目 PASSERIFORMES 鹡鸰科 Motacillidae

别　　名‖黄腹灰鹡鸰、黄鸰、灰鸰、马兰花儿。

形态特征‖体长16~19 cm。上背灰色，腰黄绿色，下体黄色，飞行时白色的翼斑和黄色的腰显现，尾较长。

袁倩敏©

生态习性‖栖息于林缘及林中溪流、平原河谷、河流、水塘、湖泊等水域岸边及附近的草地和树林，常见于水边及林间溪流的石头等突出物体上，尾羽常上下不停摆动。常单独或成对活动，有时也集成小群或与白鹡鸰混群，边飞边叫。主要以昆虫等小型无脊椎动物为食。

分　　布‖森林区、农田区、城市区。

黄鹡鸰 *Motacilla flava*

雀形目 PASSERIFORMES 鹡鸰科 Motacillidae

形态特征‖体长约18 cm。上体橄榄绿色或灰色。尾较短，具白色、黄色或黄白色眉纹。飞羽黑褐色，具两道白色或黄白色横斑。下体黄色。飞行时，难以看到白色翼纹或黄色腰。

生态习性‖栖息于河谷、林缘、林中溪流、原野、池畔及居民点附近。多成对或成三至五只的小群，迁徙期亦见数十只的大群活动。常常边飞边叫，发出"唧唧"的鸣声。主要以昆虫为食。

分　　布‖森林区、农田区、湿地区。

袁倩敏©

山鹡鸰 *Dendronanthus indicus*

雀形目 PASSERIFORMES 鹡鸰科 Motacillidae

别　　名 ‖ 刮刮油、林鹡鸰、树鹡鸰。

形态特征 ‖ 体长约 17 cm。上体灰褐色，眉纹白色；两翼具黑白色的粗显斑纹；下体白色，胸上具两道黑色的横斑纹，较下的一道横纹有时不完整。

生态习性 ‖ 栖息于林间，不似其他鹡鸰喜水边活动。单独或成对在开阔森林地面穿行。停栖时，尾轻轻往两侧摆动，不似其他鹡鸰尾上下摆动。飞行时为典型鹡鸰类的波浪式飞行。甚驯服，受惊时做波状飞行，低飞仅至前方几米处停下。

分　　布 ‖ 森林区。

广东省科学院©

树鹨 *Anthus hodgsoni*

雀形目 PASSERIFORMES 鹡鸰科 Motacillidae

别　　名 ‖ 地麻雀、木鹨。

形态特征 ‖ 体长约 16 cm。具粗显的白色眉纹，耳后有明显的黄白色和黑色斑，上体橄榄绿色且具褐色纵纹，尤以头部较明显，喉及两胁皮黄色，下体皮黄色，胸及两胁密布黑褐色纵纹。

袁倩敏©

生态习性 ‖ 栖息于阔叶林、混交林、针叶林等环境。多在地上奔跑觅食。性机警，受惊后立刻飞到附近树上，边飞边发出"chi——chi"的叫声，声音尖细。主要以昆虫等小型无脊椎动物为食，也吃苔藓、谷粒、杂草的种子等植物性食物。

分　　布 ‖ 广州全境。

田鹨 *Anthus richardi*

雀形目 PASSERIFORMES　鹡鸰科 Motacillidae

形态特征 ‖ 体长约 18 cm。上体多具褐色纵纹，眉纹浅皮黄色；下体皮黄色，胸具深色纵纹。

生态习性 ‖ 栖息于开阔沿海或山区草甸、火烧过的草地及放干的稻田。单独或成小群活动。站在地面时姿势甚直。飞行呈波浪状，每次起飞均发出叫声。捕食陆地上细小的无脊椎动物，如蜘蛛、鞘翅目昆虫及昆虫幼虫，亦会吃草等植物的种子。

分　　布 ‖ 农田区、城市区、湿地区。

袁倩敏©

黄腹鹨 *Anthus rubescens*

雀形目 PASSERIFORMES　鹡鸰科 Motacillidae

形态特征 ‖ 体长约 15 cm。褐色且满布纵纹的鹨。似树鹨但上体褐色浓重，胸及两胁纵纹浓密，颈侧具近黑色的块斑。初级飞羽及次级飞羽羽缘均为白色。

生态习性 ‖ 栖息于阔叶林、混交林、针叶林等山地森林中。多成对或成十几只的小群活动，性活跃，不停地在地上或灌丛中觅食。主要以鞘翅目昆虫、鳞翅目昆虫幼虫及膜翅目昆虫为食，兼食一些植物的种子。

分　　布 ‖ 森林区。

袁倩敏©

白头鹎 *Pycnonotus sinensis*

雀形目 PASSERIFORMES　鹎科 Pycnonotidae

　　别　　　　名‖白头翁、白头婆。

　　形态特征‖体长约 19 cm。黑色的头顶略具羽冠，两眼上方至后枕白色，形成一条白色枕环，腹白色具黄绿色纵纹，髭纹黑色，臀白色。

　　生态习性‖栖息于山区森林、果园、公园、村落、农田边灌丛及道路上。性活泼，结群于果树上活动。有时从栖处飞行捕食。以蝗虫、卷叶蛾等昆虫为食。

　　分　　　　布‖广州全境。

袁倩敏©

池鸿健©

红耳鹎 *Pycnonotus jocosus*

雀形目 PASSERIFORMES 鹎科 Pycnonotidae

　别　　　名 ‖ 高冠鸟、黑头公、红颊鹎、高髻冠。

　形 态 特 征 ‖ 体长约20 cm。黑色的羽冠长窄而前倾，就像戴了一顶小帽子，黑白色的头部图纹上具红色耳斑。上体余部偏褐色，下体皮黄色，臀红色，尾端边缘白色。

　生 态 习 性 ‖ 栖息于低山和山脚丘陵地带的雨林、季雨林、常绿阔叶林等开阔林区，还栖息于村落、农田附近的树林、灌丛和城镇的公园。喜在突出物上，如树木最高点鸣唱或鸣叫。吵嚷好动而喜群栖。主要以植物性食物为食。

　分　　　布 ‖ 广州全境。

袁倩敏©

黄臀鹎 *Pycnonotus xanthorrhous*
雀形目 PASSERIFORMES 鹎科 Pycnonotidae

形态特征‖体长约20 cm。额、头顶、枕部、眼先、眼周均为黑色，额和头顶微具光泽，下嘴基部两侧各有一红色小斑点。耳羽灰褐色或棕褐色，背、肩、腰至尾上覆羽土褐色或褐色，两翅和尾暗褐色，飞羽具淡色羽缘，尾羽具不明显的明暗相间的横斑或无此横斑。

生态习性‖栖息于海拔2 500 m以下的平坝、低山至中山带的沟谷林、混交林和次生阔叶林缘，也见于灌丛、稀树草丛、草地灌丛、针竹混交林或竹丛中，或活动于村寨农田附近的薮丛中。性羞怯，喜林缘及次生林枝叶稠密的较高树木。兴奋时羽冠耸起。主要以植物的果实与种子为食，也食昆虫等动物性食物，但幼鸟几乎以昆虫为食。

分　　布‖广州全境。

袁倩敏©

白喉红臀鹎 *Pycnonotus aurigaster*

雀形目 PASSERIFORMES 鹎科 Pycnonotidae

别　　　名‖高髻冠、黑帽布鲁布鲁、红座白头只。

形态特征‖体长约20 cm。额及头顶黑色，臀红色，耳羽、颈环、腰、胸及腹部白色，上体灰褐色或褐色，两翼黑色，尾褐色而尾端白色。

生态习性‖栖息于开阔林地或有矮丛的环境、林缘灌丛和稀树草坡灌丛、次生植被、公园及园林。群栖，性活泼吵嚷，常与其他鹎类混群。主要以植物性食物为食，如浆果、榕果、核果等。

分　　　布‖广州全境。

袁倩敏©

袁倩敏©

黑短脚鹎 *Hypsipetes leucocephalus*

雀形目 PASSERIFORMES 鹎科 Pycnonotidae

别　　名‖黑鹎、红嘴黑鹎、山白头。

形态特征‖体长约20 cm。尾略分叉，嘴、脚及眼呈亮红色。有两种色型，一种通体近黑色，另一种头、颈和上胸为白色，余部为黑色。

生态习性‖栖息于次生林、阔叶林、常绿阔叶林和针阔叶混交林及其林缘。季节性迁移。冬季于中国南方可见到数百只的大群。主要以昆虫为食，也取食植物的果实。

分　　布‖森林区、农田区、城市区。

栗背短脚鹎 *Hemixos castanonotus*

雀形目 PASSERIFORMES 鹎科 Pycnonotidae

形态特征‖体长约21 cm。上体栗褐色；头顶黑色，略具羽冠；喉、腹及臀部偏白色；胸及两胁浅灰色；两翼及尾灰褐色，覆羽及尾羽边缘绿黄色。

生态习性‖栖息于次生阔叶林、林缘灌丛和稀树草坡灌丛。藏身于茂密的植丛。常结成活跃小群。杂食性，以植物性食物、昆虫等为食。

分　　布‖广州全境。

绿翅短脚鹎 *Hypsipetes mcclellandii*

雀形目 PASSERIFORMES 鹎科 Pycnonotidae

广东省科学院©

别　　名‖ 绿膀布鲁布鲁。

形态特征‖ 体长约24 cm。褐色羽冠短而蓬松，夹杂白色细纹。颈背及上胸棕色，喉偏白色且具纵纹。背、两翼及尾偏绿色。腹及臀偏白色。

生态习性‖ 栖息于海拔2 300 m以下的次生阔叶林、混交林，以及松、杉针叶林，也见于溪流河畔或村寨附近的竹林、杂木林丛中。有时结成大群。主要以植物的小型果实及昆虫为食。

分　　布‖ 森林区、农田区、城市区。

领雀嘴鹎 *Spizixos semitorques*

雀形目 PASSERIFORMES 鹎科 Pycnonotidae

别　　名‖ 羊头公、中国圆嘴布鲁布鲁、绿鹦嘴鹎、青冠雀。

形态特征‖ 体长约23 cm。厚重的嘴象牙色，具短羽冠。似凤头雀嘴鹎，但冠羽较短，头及喉偏黑色，颈背灰色。特征为脸颊具白色细纹，尾绿色而尾端黑色。

生态习性‖ 栖息于次生植被及灌丛。结小群停栖于电线或竹林。繁殖期5—7月，通常营巢于溪边或路边小树侧枝梢处，也营巢于灌丛上，距地1～3 m，巢由细干枝、细藤条、草茎、草穗等构成，内垫细草茎、草叶、细树根、草穗、棕丝等。飞行中捕捉昆虫。

分　　布‖ 森林区、城市区。

袁倩敏©

橙腹叶鹎 *Chloropsis hardwickii*

雀形目 PASSERIFORMES　叶鹎科 Chloropseidae

　　形态特征 ‖ 体长约20 cm。雄鸟上体绿色，下体浓橘黄色，两翼及尾蓝色，脸罩及胸部紫黑色，髭纹蓝色。雌鸟身体多绿色，髭纹蓝色，腹中央具一道狭窄的赭石色条带。

　　生态习性 ‖ 栖息于森林各层。性活跃。以昆虫为食。

　　分　　布 ‖ 森林区、农田区、城市区。

广东省科学院©

暗灰鹃鵙 *Coracina melaschistos*

雀形目 PASSERIFORMES 山椒鸟科 Campephagidae

　　别　　　名‖平尾龙眼燕、黑翅山椒鸟。

　　形态特征‖体长约23 cm。雄鸟青灰色，两翼亮黑色，尾下覆羽白色，尾羽黑色，三枚外侧尾羽的羽尖白色。雌鸟色浅，下体及耳羽具白色横斑，白色眼圈不完整，翼下通常具一小块白斑。

　　生态习性‖栖息于开阔林地及林缘。在树上筑碗状巢，有迁徙行为。主要以昆虫为食，也食蜘蛛和少量植物的种子。

　　分　　　布‖农田区、城市区。

袁倩敏©

赤红山椒鸟 *Pericrocotus flammeus*

雀形目 PASSERIFORMES　山椒鸟科 Campephagidae

　别　　名 ‖ 红十字鸟。

　形 态 特 征 ‖ 体长19～22 cm。雄鸟的头、喉及上背蓝黑色，胸、腹、腰、尾羽羽缘及翼上的两道斑纹红色。雌鸟背部多灰色，以黄色替代雄鸟的红色，且黄色延至喉、颏、耳羽及额头。

　生 态 习 性 ‖ 栖息于海拔2 100 m以下的山地和平原的雨林、季雨林、次生阔叶林，也见于松林、稀树草丛或开垦的耕地。喜原始森林，多成对或成小群活动，在小叶树的树顶上轻松飞掠。主要以昆虫为食，也食少量植物的果实、种子、芽等。

　分　　布 ‖ 森林区、农田区、城市区。

袁倩敏©

袁倩敏©

灰喉山椒鸟 *Pericrocotus solaris*
雀形目 PASSERIFORMES 山椒鸟科 Campephagidae

> **别　　　名**‖ 十字鸟。

> **形态特征**‖ 体长约17 cm。雄鸟喉及耳羽暗深灰色，下背及尾上覆羽、胸部以下均为橙红色。雌鸟身体灰色部分较淡，其他部位以鲜黄色代替雄鸟的橙红色部分。

> **生态习性**‖ 栖息于原始森林。多成对或成小群活动，有时亦与赤红山椒鸟混杂在一起。性活泼，在小叶树的树顶上轻松飞掠，飞行姿势优美，常边飞边鸣叫，叫声尖细。以昆虫为食。

> **分　　　布**‖ 森林区、农田区、城市区。

袁倩敏©

广东省科学院©

红尾伯劳 *Lanius cristatus*

雀形目 PASSERIFORMES 伯劳科 Laniidae

别　　名‖ 褐伯劳。

形 态 特 征‖ 体长约20 cm。上体棕褐色或灰褐色，两翅黑褐色，头顶灰色或红棕色，具白色眉纹和较粗的黑色贯眼纹。尾上覆羽红棕色，尾羽棕褐色，尾呈楔形。颏、喉白色，其余下体棕白色。

生 态 习 性‖ 栖息于温湿地带森林，常见于平原、丘陵至低山区，多筑巢于林缘、开阔地附近。单独或成对活动，性活泼，常在枝头跳跃或飞上飞下。主要以昆虫等动物性食物为食。

分　　布‖ 广州全境。

袁倩敏©

棕背伯劳 *Lanius schach*

雀形目 PASSERIFORMES 伯劳科 Laniidae

别　　　名‖桂来姆、黄伯劳、海南鹨、大红背伯劳。

形 态 特 征‖体长23～28 cm。嘴粗而浑圆，上嘴端下弯成钩状。头顶至上颈背灰黑色，贯眼纹黑色，喉、胸及腹中心部位白色。背部、腰部及体侧红棕色，翼、尾羽黑色，翼上有小白斑。下体白色沾灰色。另有通体近黑色的深色型。

生 态 习 性‖栖息于城镇、灌丛、公园。喜草地、灌丛、茶林、丁香林及其他开阔地。平时常栖止于芦苇梢处，东瞻西望，一见地上有食物，就直下捕杀，亦能在空中捕食飞行的昆虫和小鸟。也立于低树枝上，猛然飞出捕食飞行中的昆虫。

分　　　布‖广州全境。

袁倩敏©

袁倩敏©

楔尾伯劳 *Lanius sphenocercus*

雀形目 PASSERIFORMES 伯劳科 Laniidae

形态特征 ‖ 体长约31 cm。眼罩黑色，眉纹白色，两翼黑色并具粗的白色横纹。比灰伯劳体形大。三枚中央尾羽黑色，羽端具狭窄的白色，外侧尾羽白色。

生态习性 ‖ 栖息于低山、平原和丘陵地带的疏林和林缘灌丛、草地。常单独或成对活动。主要以昆虫为食，也捕食小型脊椎动物。

袁倩敏©

分　　布 ‖ 农田区。

钩嘴林䴗 *Tephrodornis gularis*

雀形目 PASSERIFORMES 盔䴗科 Prionopidae

别　　名 ‖ 大林䴗。

形态特征 ‖ 体长约20 cm。雄鸟上体灰褐色，头顶及颈背灰色；雌鸟上体褐色。腰及下体白色，胸沾灰色，具深色眼纹，嘴尖端带钩。

生态习性 ‖ 栖息于海拔1 500 m以下的平原和山地的次生阔叶林和针阔叶混交林，也见于雨林和季雨林林缘，少见于阴暗茂密的林间。成对或集小群活动，性喧闹，穿飞于树顶。主要以昆虫为食。

分　　布 ‖ 广州全境。

张春兰©

黑卷尾 *Dicrurus macrocercus*
雀形目 PASSERIFORMES 卷尾科 Dicruridae

别　　名‖铁燕子、龙尾燕、大胆鸟、黑黎鸡、黑龙眼燕、剪刀雁、土秋、乌须公。

形态特征‖体长27～30 cm。通体黑色且带蓝色金属光泽。嘴小，嘴角有白色斑点；尾长且开叉深，末端向上曲而微卷。

生态习性‖栖息于开阔地区、山坡、平原、丘陵地带的阔叶林，平时停留在山麓或沿溪的树顶上，或停歇在小树上，或立于田野间的电线杆上。数量多，常成对或集小群活动，动作敏捷，边飞边鸣叫。主要以昆虫为食。

分　　布‖广州全境。

袁倩敏©

发冠卷尾 *Dicrurus hottentottus*
雀形目 PASSERIFORMES 卷尾科 Dicruridae

别　　名‖发形凤头卷尾、卷尾燕、山黎鸡。

形态特征‖体长约32 cm。头具细长羽冠，体羽斑点闪烁。尾长而分叉，外侧羽端钝而上翘，形似竖琴。

生态习性‖栖息于中、低海拔的丘陵和山地林区。多筑巢于林缘高大乔木顶端的向阳枝丫上。单独或成对活动，很少成群。食物几乎为昆虫，如鞘翅目、直翅目昆虫等。

袁倩敏©

分　　布‖森林区、农田区、城市区。

灰卷尾 *Dicrurus leucophaeus*

雀形目 PASSERIFORMES　卷尾科 Dicruridae

　　别　　　名‖灰龙眼燕、白颊卷尾。

　　形 态 特 征‖体长约28 cm。全身为暗灰色，鼻羽和前额黑色，眼先及头两侧为纯白色，故又有"白颊卷尾"之称。尾长而分叉，尾羽上有不明显的浅黑色横纹。

　　生 态 习 性‖栖息于平原和丘陵地带、村庄附近、河谷或山区，停留在高大乔木树冠顶端或山区岩石顶上。成对活动，立于林间空地的裸露树枝或藤条上，捕食过往昆虫，攀高捕捉飞蛾或俯冲捕捉飞行中的猎物。主要以昆虫为食，如白蚁、松毛虫、半翅目昆虫，也食植物的种子。

　　分　　　布‖农田区。

袁倩敏◎

八哥 *Acridotheres cristatellus*

雀形目 PASSERIFORMES 椋鸟科 Sturnidae

别　　名‖普通八哥、鹩哥仔、凤头八哥、寒皋、华华、了哥、鸲鹆。

形态特征‖体长24～26 cm。通体黑色，具有光泽。前额有竖直的冠状羽簇，翅膀上有白色翼斑，外侧尾羽具白端。嘴、脚黄色，嘴基部红色或粉红色。从下方仰视，翅膀上的两块白斑呈"八"字形。

生态习性‖栖息于旷野、城镇及公园。在地面阔步而行。除繁殖期外，多成群活动，喜在大树上，或成行站立在屋顶上。主要以昆虫为食，也食浆果、植物的种子。

分　　布‖广州全境。

袁倩敏©

袁倩敏©

家八哥 *Acridotheres tristis*

雀形目 PASSERIFORMES 椋鸟科 Sturnidae

形态特征 ‖ 体长约24 cm。头深色。与其他八哥的区别在于无冠羽，眼周裸皮黄色。飞行时白色的翼闪明显。亚成鸟色暗。

生态习性 ‖ 栖息于海拔1 500 m以下的低山丘陵、山脚平原等开阔地区，尤以农田、草地、果园和村寨附近较常见，也见于城市公园。常成群活动，有时也和椋鸟混群。主要在地上活动和觅食，也常伴随家畜活动和觅食，有时站在家畜背上啄食寄生虫。休息时多停于树上或电线杆上，少到森林和无人居住的地方，是一种和人类居住环境联系密切的鸟类。主要以蝗虫、蚊、虻、鞘翅目等昆虫和昆虫幼虫为食，也吃植物的果实和种子等植物性食物。

分　　布 ‖ 城市区、农田区。

灰背椋鸟 *Sturnia sinensis*

雀形目 PASSERIFORMES 椋鸟科 Sturnidae

别　　名 ‖ 噪林鸟、白肩椋鸟、白鹩哥、白了哥、番了哥。

形态特征 ‖ 体长17～20 cm。雄鸟翅膀上覆羽及肩部白色，通体灰色，头顶及腹部偏白色，飞羽黑色，外侧尾羽羽端白色。雌鸟翅膀覆羽的白色较少。

生态习性 ‖ 栖息于低山、平原及丘陵的开阔地带。群聚性强，活泼好动，常与其他椋鸟、八哥混群，并在傍晚前聚集于树枝、屋顶或电线等明显目标上，然后一起进入树林夜栖。杂食性，常在地面觅食，也到树上采食浆果。

分　　布 ‖ 农田区、城市区、湿地区。

丝光椋鸟 *Sturnus sericeus*

雀形目 PASSERIFORMES 椋鸟科 Sturnidae

別　　名‖丝毛椋鸟、牛屎八哥。

形态特征‖体长20～24 cm。嘴红色，两翼及尾灰黑色，脚橙黄色，头、颈银白色，羽毛丝状。飞行时初级飞羽的白斑明显，头具近白色丝状羽，上体余部灰色。

生态习性‖栖息于低山丘陵和山脚平原的次生林、稀树草坡等开阔地带。迁徙时成大群。主要以昆虫为食，也食浆果、植物的种子。

分　　布‖农田区、城市区、湿地区。

袁倩敏©

黑领椋鸟 *Gracupica nigricollis*

雀形目 PASSERIFORMES 椋鸟科 Sturnidae

別　　名‖脖八哥、白头椋鸟、黑脖八哥、白头莺。

形态特征‖体长约28 cm。头白色，颈环及上胸黑色；背及两翼黑色，翼缘白色；尾黑色而尾端白色；眼周裸皮及腿黄色。

生态习性‖栖息于山脚平原、草地、农田、灌丛、荒地、草坡等开阔地带。常成对或成小群活动，有时也和八哥混群。鸣声单调、嘈杂，常边飞边鸣叫，特别是当人接近的时候，常常发出嘈杂的叫声。觅食多在地上，有时在牲畜群中找食。以昆虫为食。

分　　布‖广州全境。

袁倩敏©

灰椋鸟 *Sturnus cineraceus*

雀形目 PASSERIFORMES 椋鸟科 Sturnidae

　　别　　　名‖ 杜丽雀、假画眉、高粱头、管莲子、竹雀。

　　形态特征‖ 体长约24 cm。中等体形的棕灰色椋鸟。头黑色，头侧具白色纵纹，臀、外侧尾羽羽端及次级飞羽具白色狭窄横纹。嘴橙红色，尖端黑色，脚橙黄色。

　　生态习性‖ 栖息于低山丘陵和开阔平原地带的疏林草甸、河谷阔叶林。群栖性，在远东地区取代紫翅椋鸟。常在草甸、河谷、农田等潮湿地上觅食。主要以昆虫为食。

　　分　　　布‖ 农田区、城市区、湿地区。

袁倩敏©

灰燕鵙 *Artamus fuscus*

雀形目 PASSERIFORMES 燕鵙科 Artamidae

　　别　　　名‖ 灰伯劳、灰色燕伯劳。

　　形态特征‖ 体长约18 cm。偏灰色似燕鸟种。嘴厚而呈蓝灰色，头、颏、喉及背灰色，翼黑色，尾黑色，具狭窄的白色尾端，腰白色，下体余部皮黄色。与燕子的区别在于飞行时两翼宽而呈三角形，尾平。歇息时两翼伸出尾后。

　　生态习性‖ 栖息于裸露树枝上。常群鸟紧贴栖息于一处，相互以嘴整理羽毛或一道晃尾。敢于围攻鹰类及乌鸦。以昆虫为食。

袁倩敏©

　　分　　　布‖ 森林区。

仙八色鸫 *Pitta nympha*

雀形目 PASSERIFORMES 八色鸫科 Pittidae

黄志文©

形态特征‖ 体长约20 cm。体色艳丽。冠纹黑色，贯穿眼睛的黑色宽纹一直延伸至后颈与冠纹相交，翼及腰部斑块天蓝色，下体色浅，多灰色，腹部中央和尾下覆羽亮橙色，黑色尾羽的边缘呈亮蓝色。

生态习性‖ 栖息于平原至低山的次生阔叶林内。包括种植园、亚热带或热带的湿润低地林、亚热带或热带的旱林、亚热带或热带的（低地）湿润疏灌丛、河流和溪流。也出入于庭院和村屯附近的树丛内。常在灌木下的草丛间单独活动，边在地面上走边觅食。性机警而胆怯，行动敏捷，善跳跃，多在地上跳跃行走。飞行直而低，速度较慢。主要以昆虫、蚯蚓等为食。

分　　布‖ 森林区、城市区。

乌鸫 *Turdus merula*

雀形目 PASSERIFORMES 鸫科 Turdidae

别　　名‖ 黑鸫、黑鸟、黑山雀、百舌、反舌、中国黑鸫、乌鸪。

形态特征‖ 体长16～29 cm。雄鸟全身黑色，嘴橘黄色，眼圈淡黄色，脚黑色。雌鸟上身黑褐色，喉、胸至腹部有暗色纵纹，下身深褐色，嘴黄绿色，脚黑色。

生态习性‖ 栖息于不同类型的森林中。常见于郊野、村庄及公园。雄鸟求偶时，尽量显示自己的特殊本领。雄鸟围绕着雌鸟进行精彩的飞行表演，或打转，取得雌鸟的青睐，然后进行交配。于地面取食，静静地在树叶中翻找无脊椎动物，冬季食植物的果实。

分　　布‖ 广州全境。

袁倩敏©

灰背鸫 *Turdus hortulorum*

雀形目 PASSERIFORMES 鸫科 Turdidae

　　形态特征‖体长20～24 cm。身体上部为灰色，颏、喉为白色，胸淡灰色，两胁为橙栗色，腹白色，两翅和尾黑色。

　　生态习性‖栖息于阔叶林和针阔叶混交林中。在林地及公园的腐叶间活动。畏生。常单独或成对活动，春秋迁徙季节亦集成几只或十多只的小群，有时亦见和其他鸫类结成松散的混合群。繁殖期极善鸣叫。觅食昆虫、蜗牛等。

　　分　　布‖森林区、农田区、城市区。

广东省科学院◎

李小燕◎

白腹鸫 *Turdus pallidus*

雀形目 PASSERIFORMES 鸫科 Turdidae

形态特征 ‖ 体长约 24 cm。雄鸟头及喉灰褐色；雌鸟头褐色，喉偏白色而略具细纹。翼衬灰色或白色。腹及臀部白色。胸及两胁褐灰色而非黄褐色，外侧两枚尾羽的羽端白色甚宽。

生态习性 ‖ 栖息于森林和公园的林下植被中。地栖性，善于在地上跳跃行走。迁徙季集小群。主要以鞘翅目、鳞翅目昆虫及其幼虫为食。

分　　布 ‖ 森林区、城市区。

袁倩敏©

紫啸鸫 *Myophonus caeruleus*

雀形目 PASSERIFORMES　**鸫科** Turdidae

别　　名‖鸣鸡、乌精。

形态特征‖体长28～32 cm。通体蓝黑色，仅翼覆羽有少量浅色点斑。翼及尾沾紫色闪辉，头及颈部的羽尖具闪光小羽片。尾羽常张开呈扇形。

生态习性‖栖息于邻近河流、山溪或密林中的多岩石露出处。受惊时慌忙逃至植被覆盖处，并发出尖厉的警叫声。于地面取食。以蟹、昆虫、植物的浆果等为食。

分　　布‖森林区、农田区、城市区。

袁倩敏©

袁倩敏©

斑鸫 *Turdus eunomus*
雀形目 PASSERIFORMES 鸫科 Turdidae

　　别　　　名‖ 穿草鸡、斑点鸫。

　　形态特征‖ 体长约21 cm。头部、颈部、颌部为褐色，背及肩部羽毛黑色。

　　生态习性‖ 栖息于落叶林，藏身于植物稠密的丛林。常结成小群活动。主要以昆虫为食。

　　分　　　布‖ 森林区。

袁倩敏©

虎斑地鸫 *Zoothera dauma*

雀形目 PASSERIFORMES 鸫科 Turdidae

别　　名‖虎鸫、顿鸫、虎斑山鸫。

形态特征‖体长约28 cm。上身褐色且满布鱼鳞状斑，下身近白色，翼黑褐色。

生态习性‖栖息于茂密森林、林下灌丛。地栖性，常单独或成对活动，多在林下灌丛中或地上觅食。性胆怯，见人即飞。主要以昆虫和其他无脊椎动物为食，也食植物的浆果。

分　　布‖森林区、城市区。

橙头地鸫 *Zoothera citrina*

雀形目 PASSERIFORMES 鸫科 Turdidae

别　　名‖黑耳地鸫。

形态特征‖体长约22 cm。雄鸟头、颈、背及下体深橙褐色，臀白色，上体蓝灰色，翼具白色横纹；雌鸟上体橄榄灰色。

生态习性‖栖息于林区。性羞怯，喜多荫森林，常躲藏在浓密植被覆盖下的地面。在树上栖处鸣叫。主要以昆虫为食。

分　　布‖森林区。

广东省科学院©

白尾蓝地鸲 *Cinclidium leucurum*

雀形目 PASSERIFORMES 鸫科 Turdidae

袁倩敏©

别　　名 ‖ 白尾地鸲、白尾蓝鸲、白尾燕鸥鸲、白尾蓝鸥鸲、白尾斑地鸲。

形态特征 ‖ 体长约18 cm。深蓝色地鸲。全身近黑色，仅尾基部具白色闪辉，前额钴蓝色，喉及胸深蓝色，颈侧及胸部的白色点斑常隐而不露。

生态习性 ‖ 栖息于海拔3 000 m以下的常绿阔叶林和混交林中。单独或成对活动，性隐蔽，常在林下灌木低枝上跳来跳去，有时亦站在开阔地区的小树或电线杆上，并不停地摆动着尾，当发现地上或空中有昆虫活动时，立刻飞去捕食。主要以昆虫及其幼虫为食，秋冬季节食少量植物的果实和种子。

分　　布 ‖ 森林区。

蓝矶鸫 *Monticola solitarius*

雀形目 PASSERIFORMES 鸫科 Turdidae

别　　名 ‖ 麻石青、水嘴。

形态特征 ‖ 体长约23 cm。雄鸟暗蓝灰色，具淡黑色及近白色的鳞状斑纹，腹部及尾下深栗色。雌鸟上体灰色沾蓝色，下体皮黄色而密布黑色鳞状斑纹。

生态习性 ‖ 栖息于多岩地区。单独或成对活动。多在地上觅食，常从栖息的高处直落地面捕猎，或突然飞出捕食空中活动的昆虫，然后飞回原栖息处。繁殖期雄鸟站在突出的岩石顶端或小树枝头长时间地高声鸣叫，昂首翘尾，鸣声多变，清脆悦耳，也能模仿其他鸟鸣。以昆虫、蜘蛛为食。

分　　布 ‖ 城市区。

袁倩敏©

栗腹矶鸫 *Monticola rufiventris*

雀形目 PASSERIFORMES　鸫科 Turdidae

别　　　名 ‖ 栗色胸石鸫、栗胸矶鸫。

形态特征 ‖ 体长约24 cm。雄鸟上身蓝灰色，翼和尾羽黑褐色，额、喉蓝灰色，胸部以下鲜亮栗色；繁殖期脸部有黑色斑。雌鸟褐色，肩、背具暗色鱼鳞状斑，下身皮黄色且满布深褐色扇贝形斑纹，深色耳羽后带有浅皮黄色月牙形斑。

生态习性 ‖ 栖息于林区、灌丛。直立而栖，尾缓慢地上下弹动。有时面对树枝，尾上举。捕食鞘翅目昆虫、鳞翅目昆虫幼虫等。

分　　　布 ‖ 森林区。

广东省科学院©

黑喉石鵖 *Saxicola torquata*

雀形目 PASSERIFORMES 鸫科 Turdidae

别　　名‖ 谷尾鸟、石栖鸟、野翁。

形态特征‖ 体长约14 cm。雄鸟头部及飞羽黑色，背深褐色，颈及翼上具粗大的白斑，腰白色，胸棕色。雌鸟色较暗而无黑色，下体皮黄色，仅翼上具白斑。

生态习性‖ 栖息于低山、丘陵、平原、草地、沼泽、花园、农田及次生灌丛等，常从突出的低树枝跃至地面捕食猎物。主要以昆虫为食。

分　　布‖ 广州全境。

袁倩敏©

袁倩敏©

灰林䳭 *Saxicola ferrea*

雀形目 PASSERIFORMES 鸫科 Turdidae

　　形 态 特 征 ‖ 体长约15 cm。雄鸟上体具灰色斑驳，醒目的白色眉纹、黑色脸罩与白色的颏及喉形成对比；下体近白色，烟灰色胸带及至两胁；翼及尾黑色，飞羽及外侧尾羽羽缘灰色，内覆羽白色（飞行时可见），停息时背羽可见褐色缘饰，旧羽灰色重。雌鸟似雄鸟，但褐色取代灰色，腰栗褐色。

　　生 态 习 性 ‖ 栖息于开阔灌丛及耕地，在同一地点长时间停栖。尾摆动。常单独或成对活动，有时亦集成3～5只的小群。在地面或于飞行中捕食昆虫。

　　分　　　　布 ‖ 森林区。

袁倩敏©

鹊鸲 *Copsychus saularis*

雀形目 PASSERIFORMES　鸫科 Turdidae

别　　　名 ‖ 猪屎渣、四喜、四喜儿、吱渣、信鸟。

形态特征 ‖ 体长约20 cm。中等体形的黑白色鸲。雄鸟的头、胸及背闪辉蓝黑色，两翼及中央尾羽黑色，外侧尾羽及覆羽上的条纹白色，腹及臀亦白色。雌鸟似雄鸟，但暗灰色取代黑色。

生态习性 ‖ 栖息于花园、村庄、次生林、开阔森林及红树林。飞行时易见，喜于显眼处鸣唱或炫耀。性活泼、大胆，不畏人，好斗，特别是在繁殖期，常为争夺配偶而格斗。单独或成对活动。觅食时常摆尾，不分四季晨昏，高兴时会在树枝或大厦外墙鸣唱。取食多在地面，取食时不停地把尾低放展开又骤然合拢伸直。主要以昆虫为食。

分　　　布 ‖ 广州全境。

袁倩敏©

袁倩敏©

北红尾鸲 *Phoenicurus auroreus*

雀形目 PASSERIFORMES　鸫科 Turdidae

　别　　　名 ‖ 灰顶茶鸲、红尾溜、穿马褂、大红燕、花红燕儿、火燕。

　形态特征 ‖ 体长约 15 cm。雄鸟眼先、头侧、喉、上背及两翼褐黑色，白色翼斑宽大明显，头顶及颈背灰色，体羽余部栗褐色，中央尾羽深黑褐色。雌鸟色彩暗淡，白色翼斑显著，眼圈及尾皮黄色，臀部有时为棕色。

　生态习性 ‖ 栖息于山地、森林、河谷、林缘和居民点附近的灌丛与低矮树从中。常立于突出的栖处，尾羽颤动不停。常单独或成对活动。行动敏捷，频繁地在地上和灌丛间跳来跳去啄食虫子，偶尔也在空中飞翔捕食。繁殖期活动范围不大，通常在距巢 80～100 m 的范围活动，不喜欢高空飞翔。主要以昆虫为食。

　分　　　布 ‖ 广州全境。

袁倩敏©

袁倩敏©

红喉歌鸲 *Luscinia calliope*

雀形目 PASSERIFORMES 鹟科 Turdidae

别　　　名‖白点颏、红波、红脖、红点颏、野驹、野鸲。

形态特征‖体长约16 cm。具醒目的白色眉纹和颊纹，尾褐色，两胁皮黄色，腹部皮黄白色。雌鸟胸带近褐色，头部黑白色条纹独特。成年雄鸟的特征为喉呈红色。

生态习性‖栖息于平原地带的灌丛、芦苇丛或竹林间，更多活动于溪流旁，多觅食于地面或灌丛的低地间。觅食大都在地面上，随走随啄，疾驰时常稍停而将尾向上略展如扇状。繁殖期发出多韵而悦耳的鸣声，常在清晨、黄昏以至月夜歌唱。常食直翅目、半翅目、膜翅目等昆虫及昆虫幼虫和少量植物性食物。

分　　　布‖森林区、湿地区。

广东省科学院©

红尾歌鸲 *Luscinia sibilans*

雀形目 PASSERIFORMES 鸫科 Turdidae

　别　　名‖红腰鸥鸲。

　形态特征‖体长约13 cm。上体橄榄褐色，眼先和颊黄褐色，眼周淡黄褐色。尾棕色。下体近白色，胸部具橄榄色扇贝形纹。

　生态习性‖栖息于林木稀疏而林下灌木密集的地方，主要在地上和接近地面的灌木或树桩上活动。多单独活动，占域性甚强。以卷叶蛾等多种害虫为食。

　分　　布‖城市区。

袁倩敏©

红胁蓝尾鸲 *Tarsiger cyanurus*

雀形目 PASSERIFORMES 鸫科 Turdidae

　别　　名‖蓝尾欧鸲、蓝点冈子、蓝尾巴根子、蓝尾杰。

　形态特征‖体长约14 cm。橘黄色两胁与白色腹部及臀形成对比。雄鸟上体蓝色，眉纹白色，中央一对尾羽具蓝色羽缘；雌鸟上体橄榄褐色，腰和尾上覆羽灰蓝色，尾黑褐色，外表亦沾灰蓝色，喉部有白色中线。

　生态习性‖栖息于湿润山地森林及次生林的林下低处和城镇公园。常单独或成对活动，有时亦结成3～5只的小群，尤其是秋季。地栖性，多在林下地上奔跑或在灌木低枝间跳跃。性隐匿，除繁殖期雄鸟站在枝头鸣叫外，一般多在林下灌丛间活动和觅食。停歇时常上下摆尾。主要以昆虫为食，也食少量植物性食物。

　分　　布‖农田区、城市区。

袁倩敏©

红尾水鸲 *Rhyacornis fuliginosus*

雀形目 PASSERIFORMES 鸫科 Turdidae

袁倩敏©

别　　名‖溪红尾鸲、溪鸲燕、蓝石青儿。

形态特征‖体长约14 cm。雄鸟腰、臀及尾栗褐色，其余部位深青石蓝色。雌鸟上体灰色，下体具鳞状斑纹，臀、腰及外侧尾羽基部白色，余部黑色，翅膀黑色。

生态习性‖栖息于山地溪流与河谷沿岸。总出现在多砾石的溪流及河流两旁，或停栖于水中砾石上。单独或成对活动，尾常摆动。在岩石间快速移动。炫耀时停在空中振翼，尾扇开，做螺旋形飞回栖处。主要以昆虫为食。

分　　布‖森林区。

白额燕尾 *Enicurus leschenaulti*

雀形目 PASSERIFORMES 鸫科 Turdidae

别　　名‖白冠燕尾。

形态特征‖体长约25 cm。尾长，呈深叉状。通体黑白相杂。额和头顶前部白色，头余部、颈、背、颏、喉黑色。腰和腹白色，两翅黑褐色而具白色翅斑。尾黑色而具白色端斑，由于尾羽长短不一，中央尾羽最短，往外依次变长，因而整个尾部呈黑白相间状，极为醒目。

生态习性‖栖息于山涧溪流与河谷沿岸。常单独或成对活动，性胆怯。平时多停息在水边或水中石头上，或在浅水中觅食。主要以水生昆虫和昆虫幼虫为食。

分　　布‖广州全境。

袁倩敏©

灰背燕尾 *Enicurus schistaceus*
雀形目 PASSERIFORMES 鸫科 Turdidae

别　　名‖中国灰背燕尾。

形态特征‖体长约23 cm。头顶及背灰色，喉部以下身体全白，翼上有小块白色点斑。

生态习性‖栖息于林间多砾石的溪流旁。主要以水生昆虫和昆虫幼虫为食。

分　　布‖森林区、农田区、城市区。

袁倩敏©

小燕尾 *Enicurus scouleri*

雀形目 PASSERIFORMES 鸫科 Turdidae

別　　　名 ‖ 小剪尾、点水鸦雀。

形态特征 ‖ 体长约13 cm。尾短，与黑背燕尾色彩相似但尾短而叉浅。头顶白色、翼上白色条带延伸至下部，且尾开叉，易与雌红尾水鸲区分。

生态习性 ‖ 栖息于林中多岩石的湍急溪流，尤其是瀑布周围。尾有节律地上下摇摆或扇开似红尾水鸲，习性也较其他燕尾更似红尾水鸲。营巢于瀑布后。主要以水生昆虫和昆虫幼虫为食。

分　　　布 ‖ 广州全境。

朱敬恩©

朱敬恩©

寿带 *Terpsiphone paradisi*
雀形目 PASSERIFORMES **王鹟科** Monarchinae

  别 名‖ 长尾鹟、练鹊、三光鸟、赭练鹊。

  形态特征‖ 体长约22 cm。雄鸟易辨，一对中央尾羽在尾后延长，可达25 cm。雄鸟具两种色型，均不同于紫寿带鸟，上体赤褐色或偏白色，下体近灰色。雌鸟棕褐色，头闪辉黑色，但尾羽无延长。

  生态习性‖ 栖息于林缘疏林和竹林，尤其喜欢沟谷和溪流附近的阔叶林。白色的雄鸟飞行时显而易见。常与其他种类混群。通常从森林较低层的栖处捕食。主要以昆虫为食。

  分 布‖ 森林区、城市区。

袁倩敏©

黑枕王鹟 *Hypothymis azurea*
雀形目 PASSERIFORMES **王鹟科** Monarchinae

  别 名‖ 黑领蓝鹟。

  形态特征‖ 体长约16 cm。中等体形的灰蓝色鹟。雄鸟全身青蓝色并泛紫色光泽，前额近上嘴基部黑色，喉下具黑色细横斑，两翼色深，腹部近白色，羽冠短、黑色。雌鸟头、胸蓝灰色，背、翼及尾褐灰色，无黑色羽冠和喉纹。雄鸟缺少黑色羽冠及喉带。

  生态习性‖ 栖息于针阔叶混交林及林缘灌丛、低地林及次生林。喜森林较低层，尤喜近溪流的浓密灌丛。性活泼。模仿其叫声易引出此鸟。常与其他种类混群。主要以昆虫为食。

  分 布‖ 森林区。

袁倩敏©

绿背姬鹟 *Ficedula elisae*

雀形目 PASSERIFORMES 鹟科 Muscicapidae

形态特征 ‖ 体长约13 cm。雄鸟上体及背部绿色，腰黄色，翼具白色块斑，具黄色眉纹，下体多为橘黄色。雌鸟上体橄榄灰色，尾棕色，下体浅褐色沾黄色。原作为黄眉姬鹟的*elisae*亚种。

袁倩敏©

生态习性 ‖ 栖息于阔叶林和针阔叶混交林中。常单独或成对活动，于树冠层捕食昆虫。主要以鞘翅目、鳞翅目、直翅目、膜翅目等昆虫和昆虫幼虫为食。

分　　布 ‖ 森林区、城市区。

黄眉姬鹟 *Ficedula narcissina*

雀形目 PASSERIFORMES 鹟科 Muscicapidae

别　　名 ‖ 黑背黄眉鹟。

形态特征 ‖ 体长约13 cm。雌雄异色。雄鸟上体大部分为黑色或深橄榄绿色，黄色眉纹显著，具白色翼斑，喉、胸及上腹鲜黄色，腰黄色。雌鸟上体橄榄褐色，尾棕色，下体浅褐色沾黄色，腰无黄色。虹膜深褐色，嘴蓝黑色，脚铅蓝色。

生态习性 ‖ 栖息于林缘次生林、灌丛与小树丛中。常单独或成对活动，于树冠层捕食昆虫。

分　　布 ‖ 森林区。

广东省科学院©

红喉姬鹟 *Ficedula albicilla*

雀形目 PASSERIFORMES　鹟科 Muscicapidae

别　　　名‖白点颏、黄点颏、红胸鹟。

形态特征‖体长约13 cm。体羽褐色，尾色暗，尾基部外侧明显白色。繁殖期雄鸟胸部为红色沾灰色，但冬季难见。雌鸟及非繁殖期雄鸟暗灰褐色，喉近白色，眼圈狭窄、白色。以尾及尾上覆羽黑色区别于北灰鹟。

生态习性‖栖息于林区公路边的疏林灌丛中。常单独或成对活动，性活跃。主要以鞘翅目等昆虫为食。

分　　　布‖农田区。

袁倩敏©

白腹蓝姬鹟 *Cyanoptila cyanomelana*

雀形目 PASSERIFORMES 鹟科 Muscicapidae

别　　　名‖琉璃鸟、山竹鸟、蓝燕。

形态特征‖体长约17 cm。雄鸟脸、喉及上胸近黑色，上体闪光、钴蓝色，下胸、腹及尾下覆羽白色，外侧尾羽基部白色，深色的胸部与白色的腹部截然分开。雌鸟上体灰褐色，两翼及尾褐色，喉中心及腹白色。

生态习性‖栖息于针阔叶混交林及林缘灌丛。在树冠取食昆虫。

分　　　布‖森林区、城市区。

张春兰©

橙胸姬鹟 *Ficedula strophiata*

雀形目 PASSERIFORMES　鹟科 Muscicapidae

形态特征 ‖ 体长约14 cm。尾黑色而基部白色，上体橄榄褐色，额具一白色横带，两端向上延伸至眼上形成眉斑。翼橄榄色，下体灰色。成年雄鸟额上有狭窄白色并具小的深红色项纹，常不明显。雌鸟似雄鸟，但项纹小而色浅。亚成鸟具褐色纵纹，两胁棕色而具黑色鳞状斑纹。

张琼悦©

生态习性 ‖ 栖息于山地常绿阔叶林、针阔叶混交林和杂木林中，夏季有时也到高山矮曲林和疏林灌丛活动或觅食。常单独或成对活动，有时亦见成小群活动，多在树上枝叶间跳跃或来回飞翔，并不断发出"唧唧"的叫声，飞翔时尾亦常常散开。主要以鞘翅目、鳞翅目、直翅目、膜翅目等昆虫和昆虫幼虫为食，也食草籽、植物的嫩叶和果实。

分　　布 ‖ 森林区。

鸲姬鹟 *Ficedula mugimaki*

雀形目 PASSERIFORMES　鹟科 Muscicapidae

形态特征 ‖ 体长约13 cm。雄鸟上体近黑色，眼后上方有白色斑，翼斑白色，喉及胸橙黄色，腹以下白色。雌鸟上体暗灰色，喉及胸棕黄色，腹以下白色。

生态习性 ‖ 栖息于林缘地带、林间空地及山区森林。常单独或成对活动，性活跃。主要以昆虫及其幼虫为食。

分　　布 ‖ 森林区、城市区。

陈翠丽©

海南蓝仙鹟 *Cyornis hainanus*

雀形目 PASSERIFORMES 鹟科 Muscicapidae

  别 名‖海南蓝仙鸫。

  形态特征‖体长约15 cm。雄鸟眉纹浅蓝色，眼先及头侧沾黑褐色，上体金属暗蓝色，翼及尾羽近黑色，胸以下暗蓝色逐渐减淡，腹以下全白。雌鸟整体呈褐、白两色，两翅和尾表面暗蓝色，前额和眼上眉斑较鲜亮，喉、胸暗蓝色，下胸和两胁蓝灰色，其余下体白色。

  生态习性‖栖息于低山常绿阔叶林、次生林和林缘灌丛。捕食昆虫及其幼虫。

  分 布‖森林区、农田区、城市区。

广东省科学院©

方尾鹟 *Culicicapa ceylonensis*

雀形目 PASSERIFORMES 鹟科 Muscicapidae

  形态特征‖体长约13 cm。体小而独具特色。头偏灰色，略具冠羽，上体橄榄色，下体黄色。

  生态习性‖栖息于森林的底层或中层。与其他鸟混群，性喧闹活跃。主要以昆虫为食。

  分 布‖森林区。

袁倩敏©

乌鹟 *Muscicapa sibirica*

雀形目 PASSERIFORMES **鹟科** Muscicapidae

形态特征‖体长约13 cm。上体深灰色，翼上具不明显皮黄色斑纹；下体白色，上胸具灰褐色模糊带斑，两胁有灰色杂斑。白色眼圈明显，喉白色，通常具白色的半颈环；下脸颊具黑色细纹，翼长至尾的2/3。

袁倩敏©

生态习性‖栖息于山区或山麓森林的林下植被层及林间。日出后为活动高峰，常停留在突出的干树枝上，飞捕空中过往的小昆虫。

分　　布‖森林区、农田区、城市区。

北灰鹟 *Muscicapa dauurica*

雀形目 PASSERIFORMES **鹟科** Muscicapidae

别　　名‖大眼嘴儿、褐鹟、灰砂来、宽嘴鹟、阔嘴鹟、小斑鹟。

形态特征‖体长约13 cm。体形略小的灰褐色鹟。上体灰褐色，下体偏白色，胸侧及两胁灰褐色，眼圈白色，犹如戴着白色的眼镜框。头背灰褐色，嘴黑色，下嘴基部土黄色。雌雄羽色相同。

生态习性‖栖息于山脚和平原地带的阔叶林、次生林和灌丛中。常单独活动，不易被发现，活动隐蔽。主要以昆虫为食。

分　　布‖森林区、农田区、城市区。

刘金成©

灰纹鹟 *Muscicapa griseisticta*
雀形目 PASSERIFORMES 鹟科 Muscicapidae

　　别　　　名‖灰斑鹟、斑胸鹟。

　　形态特征‖体长约14 cm。体羽为褐灰色，眼圈白色，下体白色，胸及两胁满布深灰色纵纹。额具一狭窄的白色横带，并具狭窄的白色翼斑。翼长，几乎至尾端。与乌鹟相比无半颈环，与斑鹟相比体小且胸部多纵纹。虹膜褐色，嘴黑色，脚黑色。

　　生态习性‖栖息于密林、开阔森林及林缘。常单独或成对在树冠层中下部枝叶间活动，不常见，性惧生，常在树冠之间飞来飞去或停息在侧枝上，捕食空中过往的昆虫。

　　分　　　布‖城市区。

袁倩敏©

褐胸鹟 *Muscicapa muttui*

雀形目 PASSERIFORMES 鹟科 Muscicapidae

形态特征∥体长约14 cm。具黄褐色胸斑。与色彩相似的其他鹟类的区别在于眼先及眼圈白色，深色的条纹将白色的颊纹与白色额及喉隔开，下颚黄色，腰偏红色，臀皮黄色，翼羽羽缘棕色，无翼斑，腿色淡。

生态习性∥栖息于阔叶林和针阔叶混交林中。性安静孤僻，部分在黄昏时活动，白天躲藏在茂密树丛及竹林中。主要以昆虫及其幼虫为食。

分　　布∥森林区。

袁倩敏©

铜蓝鹟 *Eumyias thalassinus*

雀形目 PASSERIFORMES 鹟科 Muscicapidae

袁倩敏©

形态特征 ‖ 体长约17 cm。雄鸟通体为鲜艳的铜蓝色，眼先黑色，尾下覆羽具白色端斑。雌鸟和雄鸟大致相似，但不如雄鸟羽色鲜艳，下体灰蓝色，颏近灰白色。亚成鸟灰褐色沾绿色，具皮黄色及近黑色的鳞状纹和点斑。

生态习性 ‖ 栖息于阔叶林和针阔叶混交林中。常单独或成对活动，多在高大乔木冠层活动，也到林下灌木和小树上活动，但很少下到地上。鸣声悦耳，早晨和黄昏鸣叫不息。性大胆，不甚畏人，频繁地飞到空中捕食飞行性昆虫，也能像山雀一样在枝叶间觅食。

分　　布 ‖ 森林区、农田区。

棕尾褐鹟 *Muscicapa ferruginea*

雀形目 PASSERIFORMES 鹟科 Muscicapidae

形态特征 ‖ 体长约13 cm。眼圈皮黄色，喉块白色，头石板灰色，背褐色，腰棕色，下体白色，胸具褐色横斑，两胁及尾下覆羽棕色。通常具白色的半颈环。三级飞羽及大覆羽羽缘棕色。

生态习性 ‖ 栖息于阔叶林和针阔叶混交林中。性惧生，喜在林间空地及溪流两侧活动。以昆虫为食。

分　　布 ‖ 农田区。

张春兰©

黑脸噪鹛 *Garrulax perspicillatus*

雀形目 PASSERIFORMES 画眉科 Timaliida

别　　名‖ 噪林鹛、嘈杂鹛、黑脸笑鸫、黑面笑画眉、黑面噪鹛、吉吊、七姊妹、土画眉、笑鸫、眼镜笑鸫、噪林鸟。

形态特征‖ 体长约30 cm。额及眼罩黑色，犹如戴了一副黑色眼镜，极为醒目。上体暗褐色，下体偏灰色，腹部近白色，尾下覆羽黄褐色。脸部具有显眼的黑色斑块。嘴近黑色。脚红褐色。雌雄同色。

生态习性‖ 栖息于浓密灌丛、竹丛、芦苇地、田地及城镇公园。常成对或成小群活动，特别是秋冬季节集群较大，少则十多只，多则二十多只，有时和白颊噪鹛混群。主要以昆虫、植物为食。

分　　布‖ 广州全境。

袁倩敏©

黑喉噪鹛 *Garrulax chinensis*

雀形目 PASSERIFORMES 画眉科 Timaliida

形态特征‖ 体长约23 cm。头侧及喉黑色，蓬松的黑色前后具白色边缘，腹部及尾下覆羽橄榄灰色。内陆型亚种的脸颊白色，但海南亚种颈后及颈侧棕褐色。初级飞羽羽缘色浅。

生态习性‖ 栖息于竹林密丛及半常绿林中的浓密灌丛。常成数只或十多只的小群活动，偶尔也见单独和成对活动。主要以蚂蚁、半翅目、鞘翅目等昆虫为食，也吃部分植物的果实和种子。

分　　布‖ 森林区、城市区。

张春兰©

黑领噪鹛 *Garrulax pectoralis*

雀形目 PASSERIFORMES 画眉科 Timaliida

　　别　　　名‖领笑鸫。

　　形态特征‖体长约30 cm。上体棕褐色，眉纹、颊、喉白色，白色眉纹长而显著，耳羽黑色而杂有白纹，有黑色颊纹及胸带，下体棕白色。头、胸部具复杂的黑白色图纹，似小黑领噪鹛，但区别主要在于眼先浅色，且初级覆羽色深而与翼余部成对比。

　　生态习性‖栖息于低山丘陵、林缘灌丛中。吵嚷群栖，与其他噪鹛包括相似的小黑领噪鹛混栖。炫耀表演时并足跳动，头点动，两翼展开，同时鸣叫。可做长距离的滑翔。取食多在地面。主要以昆虫为食，也吃少量植物的种子和果实。

　　分　　　布‖森林区、农田区、城市区。

袁倩敏©

小黑领噪鹛 *Garrulax monileger*

雀形目 PASSERIFORMES 画眉科 Timaliida

　　形态特征‖体长约28 cm。上体棕橄榄褐色，后颈有一宽的橙棕色颈环，一条细长的白色眉纹在黑色贯眼纹的衬托下极为醒目，眼先黑色，耳羽灰白色，上下缘具黑色纹。下体几乎全为白色，胸部横贯一条黑色胸带。

　　生态习性‖栖息于低山丘陵、林缘灌丛中。喜成群，多在林下地上草丛和灌丛中活动和觅食，见人立刻潜入密林深处，不易被看见，有时也见鱼贯而行穿越林间空地。飞行迟缓、笨拙，一般不做长距离飞行。主要以昆虫为食，也吃植物的果实和种子。

袁倩敏©

　　分　　　布‖森林区、农田区、城市区。

灰眶雀鹛 *Alcippe morrisonia*

雀形目 PASSERIFORMES 画眉科 Timaliida

  别 名∥白眼环眉、山白目眶。

  形态特征∥体长约14 cm。上体褐色，头灰色，下体灰皮黄色。具明显的白色眼圈，深色侧冠纹从显著至几乎缺乏。与褐脸雀鹛的区别在于下体偏白色，脸颊多灰色且眼圈白色。雌雄同色。

袁倩敏©

  生态习性∥栖息于常绿林及落叶林的灌丛层。喜群居，常与其他种类混群。主要以昆虫及其幼虫为食，也吃苔藓或其他植物的果实、种子、叶片、幼芽等植物性食物。

  分 布∥森林区。

褐顶雀鹛 *Alcippe brunnea*

雀形目 PASSERIFORMES 画眉科 Timaliida

  形态特征∥体长约13 cm。体羽褐色，顶冠棕褐色，似棕喉雀鹛，但无棕色颈纹且前额黄褐色。下体皮黄色，与栗头雀鹛的区别在于两翼纯褐色。与褐胁雀鹛的区别主要在于无白色眉纹。

  生态习性∥栖息于常绿林及落叶林的灌丛层。喜群居，常与其他种类混群。主要以昆虫及其幼虫为食，也食苔藓及其他植物的果实、种子、叶、芽等植物性食物。

  分 布∥森林区。

陈翠丽©

画眉 *Garrulax canorus*

雀形目 PASSERIFORMES　画眉科 Timaliida

　　别　　　名‖金画眉、虎鸫。

　　形态特征‖体长约22 cm。上身橄榄褐色，顶冠及颈背有偏黑色纵纹。嘴、脚偏黄色。特征为白色的眼圈在眼后延伸成狭窄的眉纹。

　　生态习性‖栖息于低山丘陵、林缘灌丛中。不善做远距离飞翔。成对或结小群活动。善鸣叫。主要捕食昆虫，也吃少量植物的种子和果实。

　　分　　　布‖广州全境。

广东省科学院©

白颊噪鹛 *Garrulax sannio*

雀形目 PASSERIFORMES　画眉科 Timaliida

　　别　　　名‖白眉噪鹛、土画眉、小噪鹛。

　　形态特征‖体长约25 cm。花脸，黄白色的脸部图纹由眉纹和眼后纹隔开形成。眉纹与脸颊斑块相连于眼前，形成特殊的白色图纹。尾下覆羽棕色。

　　生态习性‖栖息于浓密灌丛、竹丛、芦苇地、田地及城镇公园。除繁殖期成对活动外，其他时候多成群活动，集群个体从十多只到二十多只不等，有时也见与黑脸噪鹛

袁倩敏©

混群，多在森林中下层和地上活动和觅食。善鸣叫，叫声响亮而急促。主要以昆虫及其幼虫等动物性食物为食，也吃植物的果实和种子。

　　分　　　布‖广州全境。

白腹凤鹛 *Erpornis zantholeuca*
雀形目 PASSERIFORMES　画眉科 Timaliida

　　形态特征‖ 体长约13 cm。上体、两翼及尾橄榄黄绿色，羽冠短，头侧及下体灰白色，尾下覆羽黄色。

　　生态习性‖ 栖息于低山丘陵与河谷地带的常绿阔叶林与次生林中。群栖，在森林中至高层取食，常与莺类及其他种类混群。主要以昆虫为食，也吃少量植物的种子和果实。

　　分　　布‖ 森林区。

袁倩敏©

栗耳凤鹛 *Yuhina castaniceps*
雀形目 PASSERIFORMES 画眉科 Timaliida

形态特征 ‖ 体长约13 cm。雌雄羽色相似。额、头顶至枕灰色，头顶有一短的不甚明显的羽冠，系由头顶羽毛向后延长形成，灰色而具细的白色羽干纹，眼先灰色，眉纹白色不甚明显，其上有时杂有褐斑，眼后、耳羽、后颈和颈侧淡栗色或棕栗色，形成一条宽的半颈环，有的后颈栗色不明显或没有，各羽亦具白色羽干纹。背、肩、腰和尾上覆羽橄榄灰褐色或橄榄褐色，各羽亦具白色羽轴纹。尾呈凸状，灰褐色或暗褐色，外侧尾羽具明显的白色端斑，白端向外侧逐渐扩大。两翅暗褐色或灰褐色，外侧飞羽外翈和内侧飞羽与背部同色。下体从颏至尾下覆羽浅灰色或污灰白色，胸侧和两胁沾橄榄褐色或浅褐色。

生态习性 ‖ 栖息于常绿林及落叶林。繁殖期成对活动，非繁殖期多成群，通常成十多只至二十多只的小群，有时甚至集成上百只的大群，活动在小乔木上或高的灌木顶枝上。群中个体常常保持很近的距离，或是在树上枝叶间跳跃，或是从一棵树飞向另一棵树，很少到林下地上和灌木底层。只有在危急时才降落到林下灌丛和草丛中逃走，一般较少飞翔。主要以鞘翅目等昆虫为食，也吃植物的果实与种子。

分　　布 ‖ 森林区、农田区、城市区。

袁倩敏©

红头穗鹛 *Stachyris ruficeps*
雀形目 PASSERIFORMES　画眉科 Timaliida

　　别　　名 ‖ 红顶穗鹛。

　　形态特征 ‖ 体长约12.5 cm。顶冠棕色，上体暗灰橄榄色，眼先暗黄色，喉、胸及头侧沾黄色，下体黄橄榄色，喉具黑色细纹。

袁倩敏©

　　生态习性 ‖ 栖息于森林、灌丛及竹丛中。常单独或成对活动，有时也见成小群或与棕颈钩嘴鹛及其他鸟类混群活动，在林下或林缘灌丛枝叶间飞来飞去或跳上跳下。主要以昆虫为食。

　　分　　布 ‖ 森林区、农田区、城市区。

小鳞胸鹪鹛 *Pnoepyga pusilla*
雀形目 PASSERIFORMES　画眉科 Timaliida

　　形态特征 ‖ 体长约9 cm。体形圆润，几乎无尾。上体暗褐色，下体棕黄色，全身密布鳞片状黑褐色斑纹。有浅色及茶黄色两色型。

　　生态习性 ‖ 栖息于近水处阴暗潮湿的林下灌丛、草丛中。性隐蔽。主要以昆虫为食，也吃少量植物的种子和果实。

　　分　　布 ‖ 广州全境。

广东省科学院©

斑胸钩嘴鹛 *Pomatorhinus erythrocnemis*

雀形目 PASSERIFORMES 画眉科 Timaliida

形态特征 ‖ 体长约24 cm。无浅色眉纹，脸颊棕色。甚似锈脸钩嘴鹛，但胸部具浓密的黑色点斑或纵纹。诸亚种细节上有别。

生态习性 ‖ 栖息于林下灌丛。双重唱，雄鸟发出响亮的"queue——pee"声，雌鸟立即回以"quip"声。主要以昆虫和植物的果实与种子为食。

分　　布 ‖ 森林区、城市区。

袁倩敏©

棕颈钩嘴鹛 *Pomatorhinus ruficollis*

雀形目 PASSERIFORMES 画眉科 Timaliida

形态特征 ‖ 体长约19 cm。嘴细长而向下弯曲，具显著的白色眉纹和黑色贯眼纹。上体橄榄褐色、棕褐色或栗棕色，后颈栗红色。颏、喉白色，胸白色，具栗色或黑色纵纹，也有的无纵纹和斑点，其余下体橄榄褐色。

生态习性 ‖ 栖息于森林地带，如茂密的原始林、开阔的次生林及灌丛等环境。常单独、成对或成小群活动。有时也见与雀鹛等其他鸟类混群活动。性活泼、胆怯畏人，常在茂密的树丛或灌丛间疾速穿梭或跳来跳去，一遇惊扰，立刻藏匿于丛林深处，或由一个树丛飞向另一树丛，每次飞行距离很短。主要以昆虫及其幼虫为食，也吃植物的果实与种子。

袁倩敏©

分　　布 ‖ 森林区、农田区、城市区、湿地区。

蓝翅希鹛 *Minla cyanouroptera*
雀形目 PASSERIFORMES 画眉科 Timaliida

形态特征‖ 体长约15 cm。两翼、尾及头顶蓝色。上背、两胁及腰黄褐色，喉及腹偏白色，脸颊偏灰色。眉纹及眼圈白色。尾甚细长而呈方形，从下看为白色具黑色羽缘。

李小燕©

生态习性‖ 栖息于亚热带或热带海拔600～2 400 m的阔叶林、针阔叶混交林、针叶林和竹林中，尤以茂密的常绿阔叶林和次生林中较常见。常成对或成小群活动。主要以白蜡虫、鞘翅目等昆虫和昆虫幼虫为食。

分　　布‖ 森林区。

棕头鸦雀 *Paradoxornis webbianus*
雀形目 PASSERIFORMES 鸦雀科 Paradoxornithidae

别　　名‖ 红头仔。

形态特征‖ 体长约11 cm。体形纤小的粉褐色鸦雀。嘴小似山雀，头顶及两翼栗褐色，喉略具细纹。虹膜褐色，眼圈不明显。有些亚种翼缘棕色。

生态习性‖ 栖息于林下植被及低矮树丛。常成对或结小群活动，性活泼而大胆。主要以鞘翅目和鳞翅目昆虫为食。

分　　布‖ 森林区。

袁倩敏©

金头扇尾莺 *Cisticola exilis*

雀形目 PASSERIFORMES 扇尾莺科 Cisticolidae

形态特征∥体长约11 cm。嘴细长，略向下弯；翼短，体形娇小，尾长。下体皮黄色，喉近白色，尾深褐色而尾端皮黄色。雌雄羽色相近，单调。繁殖期雄鸟顶冠亮金色，腰褐色。雌鸟及非繁殖期雄鸟头顶密布黑色细纹，与棕扇尾莺的区别在于眉纹淡皮黄色而与颈侧及颈背同色。

生态习性∥栖息于农田、开阔草地及灌丛中。常单独或成对活动，有时也成小群，特别是冬季。春夏繁殖季节，雄鸟常停栖于较高的草茎枝条上大声地鸣唱。秋冬则少有鸣叫。常隐于草丛中，不易被发现。主要以蚂蚁等小型昆虫为食，偶尔也吃杂草的种子。

分　　布∥农田区。

薄顺奇©

棕扇尾莺 *Cisticola juncidis*

雀形目 PASSERIFORMES 扇尾莺科 Cisticolidae

别　　名∥锦鸲。

形态特征∥体长约10 cm。上体栗棕色，具黑褐色羽干纹和棕白色眉纹，下背、腰和尾上覆羽黑褐色，尾为凸状，尾端白色清晰。

生态习性∥栖息于农田、开阔草地及河流岸边的灌丛中。繁殖期常有的鸣叫声为单调、规则、重复的尖高音调，类似"dzeep——dzeep"或"zit——zit——zit"，此单音可持续近3分钟。飞行或停栖小草枝头时，均会鸣唱，在飞行时，每叫一单音正好配合一次振翅的波状起伏。主要以昆虫为食。

袁倩敏©

分　　布∥广州全境。

黄腹山鹪莺 *Prinia flaviventris*

雀形目 PASSERIFORMES 扇尾莺科 Cisticolidae

> **别　　名** ‖ 黄腹鹪莺。

> **形态特征** ‖ 体长约13 cm。体形略大、尾长的橄榄绿色鹪莺。喉及上胸部白色，以下胸部及腹部黄色为其特征。头灰色，有时具浅淡、近白色的短眉纹；上体橄榄绿色；腿部皮黄色或棕色。换羽导致羽色有异。繁殖期尾较短，雄鸟上背近黑色较多（雌鸟炭黑色），冬季上背粉灰色。

> **生态习性** ‖ 栖息于芦苇沼泽、高草地及灌丛。甚惧生，仅在鸣叫时栖息于高秆，扑翼时发出清脆声响。冬季时集群觅食，繁殖期分散觅食。取食昆虫及其幼虫、少量植物的种子和果实。

> **分　　布** ‖ 广州全境。

袁倩敏©

纯色山鹪莺 *Prinia inornata*

雀形目 PASSERIFORMES 扇尾莺科 Cisticolidae

别　　名 ‖ 褐头鹪莺、纯色鹪莺。

形态特征 ‖ 体长约 15 cm。体形略大而尾长的偏棕色鹪莺。长着一道浅色的眉纹，上体暗灰褐色，下体淡皮黄色至偏红色，背部颜色较浅。

生态习性 ‖ 栖息于芦苇沼泽、高草地及灌丛。有几分傲气而活泼的鸟类，结小群活动，常于树上、草茎间或在飞行时鸣叫。以昆虫为食。

分　　布 ‖ 森林区、农田区、城市区、湿地区。

袁倩敏©

黑喉山鹪莺 *Prinia atrogularis*

雀形目 PASSERIFORMES 扇尾莺科 Cisticolidae

　　形态特征‖ 体长约16 cm。特征为胸部有黑色纵纹。眉纹白色，上体褐色，两胁黄褐色，腹部皮黄色，脸颊灰色。

　　生态习性‖ 栖息于低山及山区森林的草丛和低矮植被下。集结活跃喧闹的家族群。取食昆虫及其幼虫、少量植物的种子和果实。

　　分　　布‖ 森林区、农田区、城市区。

山鹪莺 *Prinia crinigera*

雀形目 PASSERIFORMES 扇尾莺科 Cisticolidae

形态特征 ‖ 体长约16.5 cm。具形长的凸形尾。上体灰褐色并具黑色及深褐色纵纹；下体偏白色，两胁、胸及尾下覆羽沾茶黄色，胸部黑色纵纹明显。非繁殖期褐色较重，胸部黑色较少，顶冠具皮黄色和黑色细纹。与非繁殖期的褐山鹪莺相似，但胸侧无黑色点斑。

生态习性 ‖ 栖息于高草地及灌丛，常在耕地活动。飞行振翼显无力。主要以蚂蚁等小型昆虫为食，偶尔也吃杂草的种子。

分　　布 ‖ 森林区。

袁倩敏©

长尾缝叶莺 *Orthotomus sutorius*

雀形目 PASSERIFORMES 莺科 Sylviidae

 别 名‖普通缝叶莺、裁缝鸟、红鼻头。

 形态特征‖体长约12 cm。雄鸟头顶至颈后棕色，眼先及头侧近白色，肩、背橄榄绿色，两翼土黄色，下身淡黄色，尾下覆羽白色。繁殖期雄鸟的中央尾羽由于换羽而更显长。雌鸟与雄鸟相似，但尾较短。

 生态习性‖栖息于农田、果园、公园、庭院等人类居住区附近的树丛、人工林和灌丛。性活泼，不停地运动或发出刺耳尖叫声。主要以昆虫及其幼虫为食，也吃少量植物的果实和种子。

 分 布‖广州全境。

袁倩敏©

栗头缝叶莺 *Orthotomus cucullatus*

雀形目 PASSERIFORMES 莺科 Sylviidae

 形态特征‖体长约12 cm。具明显的黄色眉纹，上体橄榄绿色，额、喉及上胸部灰白色，下胸部及腹部为鲜艳的黄色。

 生态习性‖栖息于山区森林、开阔的山地灌丛及茂密竹丛。喜群栖，常结小群，但多隐匿于浓密植被覆盖下而难以被看见。易以鸣声分辨。不以树叶营袋形巢。主要以昆虫为食。

 分 布‖广州全境。

李小燕©

东方大苇莺 *Acrocephalus orientalis*

雀形目 PASSERIFORMES 莺科 Sylviidae

别　　名∥苇串儿、呱呱唧、剖苇、麻喳喳。

形态特征∥体长约19 cm。具显著的皮黄色眉纹，上体呈橄榄褐色，下体乳黄色。第一枚初级飞羽长度不超过初级覆羽。与噪大苇莺的区别为嘴较钝、较短且粗，尾较短且尾端色浅，下体色重且胸具深色纵纹，外侧初级飞羽（第九枚）比第六枚长，嘴裂偏粉色而非黄色。与异域分布的大苇莺的区别在于体形较小，初级飞羽的突出较短而胸侧多纵纹。雌雄同色。

袁倩敏©

生态习性∥栖息于芦苇地、稻田、沼泽及低地次生灌丛。和其他苇莺一样，常单独或成对地在茂密的灌丛、草丛中活动和觅食，行为隐蔽，动作迅速敏捷。在繁殖期，常站在巢附近的高树枝上鸣唱，鸣声清脆婉转，悦耳动听。有时也模仿其他鸟的叫声。觅食昆虫。

分　　布∥森林区、农田区。

褐柳莺 *Phylloscopus fuscatus*

雀形目 PASSERIFORMES 莺科 Sylviidae

别　　名∥达达跳、嘎叭嘴、褐色柳莺。

形态特征∥体长约11 cm。上体橄榄褐色，下体黄褐色。长着一道棕白色的眉纹，贯眼纹暗褐色。外形甚显紧凑而墩圆，两翼短圆，尾圆而略凹。颏、喉白色，嘴细小，腿细长。

生态习性∥栖息于稀疏开阔的阔叶林、林缘、农田、果园和房屋附近的小块丛林。翘尾并轻弹尾及两翼。以昆虫为食。

分　　布∥广州全境。

袁倩敏©

黑眉苇莺 *Acrocephalus bistrigiceps*

雀形目 PASSERIFORMES　莺科 Sylviidae

别　　　名 ‖ 柳叶儿、口子喇子。

形态特征 ‖ 体长约13 cm。眼纹
皮黄白色，其上下具清楚的黑色条纹，
下体偏白色。雌雄同色。

生态习性 ‖ 栖息于道边、湖边
和沼泽地的灌丛。尤其喜欢在近水的
草丛和灌丛中活动。繁殖期常站在开
阔草地上的小灌木或蒿草梢上鸣叫，
鸣声短促而急，较为嘈杂。觅食昆虫。

分　　　布 ‖ 城市区、湿地区。

袁倩敏©

黄眉柳莺 *Phylloscopus inornatus*

雀形目 PASSERIFORMES　莺科 Sylviidae

别　　　名 ‖ 白目眶丝、槐串儿、树串儿、树叶儿。

形态特征 ‖ 体长约11 cm。上体橄榄绿色，顶纹不明显，眉纹淡黄绿色，翅上有两
道黄白色翼斑。下体白色，胸、两胁和尾下覆羽黄绿色。

生态习性 ‖ 栖息于针叶林、针阔叶混交林和稀疏的阔叶林。常单独或三五成群活
动，很少见其集成大群活动，但迁徙期间可见集大群。由于体小色绿，通常难以被发现，
除非听到鸣叫声或其从一棵树飞到另一棵树进行短距离蹿飞时。很少落地。清晨、黄昏为
活动高峰期。捕食昆虫及其幼虫。

分　　　布 ‖ 广州全境。

袁倩敏©

黑眉柳莺 *Phylloscopus ricketti*
雀形目 PASSERIFORMES 莺科 Sylviidae

柯培峰©

形态特征 ‖ 体长约10.5 cm。上体橄榄绿色，头顶中央自额基至后颈有一条淡绿黄色中央冠纹，极为显著，头顶两侧各有一条黑色侧冠纹，眉纹黄色，贯眼纹黑色。翅上有两道淡黄色翅斑，最外侧一对尾羽内翈羽缘白色。下体亮黄色，两胁沾绿色。相似种为海南柳莺，其侧冠纹较淡、不为黑色，最外侧两对尾羽内翈白色；白斑尾柳莺和冠纹柳莺侧冠纹亦较淡，下体白色沾黄色，外侧仅一对尾羽内翈白色或仅具白缘。

生态习性 ‖ 栖息于针叶林、针阔叶混交林和稀疏的阔叶林。除繁殖期单独或成对活动外，其他时候多成群活动，也常与其他小鸟混群活动和觅食。性活泼，常在树上枝叶间跳来跳去，或从一棵树快速飞向另一棵树，也在林下灌丛中活动和觅食。鸣声响亮，为近似连续的"匹啾、匹啾"或"匹儿、匹儿"声。主要以昆虫为食。

分　　布 ‖ 森林区、城市区、湿地区。

极北柳莺 *Phylloscopus borealis*
雀形目 PASSERIFORMES 莺科 Sylviidae

别　　名 ‖ 绿豆雀、柳叶儿、柳串儿、绿豆雀、铃铛雀、北寒带柳莺。

袁倩敏©

形态特征 ‖ 体长约12 cm。体形小的偏灰橄榄色柳莺。具明显的黄白色长眉纹。上体深橄榄色，具甚浅的白色翼斑，中覆羽羽尖成第二道模糊的翼斑；下体略白，两胁褐橄榄色。眼先及过眼纹近黑色。与黄眉柳莺的区别在于嘴较粗大且上弯，尾看似短，头上图纹较醒目。与淡脚柳莺的区别在于色彩较鲜亮且绿色较重，顶冠色较淡。与乌嘴柳莺的区别为下嘴基部色浅。雌雄同色。

生态习性 ‖ 栖息于针叶林、针阔叶混交林和稀疏的阔叶林。单独、成对或成小群活动，有时也和其他柳莺一起活动于乔木顶端。动作轻快敏捷，叫声洪亮，不时地发出"drr——drr"和"tze——tze"声。主要捕食昆虫及其幼虫。

分　　布 ‖ 森林区、农田区、城市区。

黄腰柳莺 *Phylloscopus proregulus*

雀形目 PASSERIFORMES　莺科 Sylviidae

　　别　　　名‖黄尾根柳莺、黄腰丝柳串儿。

　　形态特征‖体长约9 cm。上体橄榄绿色，顶纹淡黄绿色，眉纹前段黄色较多，后段黄绿色，腰黄色。翅上两条深黄色翼斑明显，下体白色沾黄绿色，臀部浅黄色。

　　生态习性‖栖息于针叶林、针阔叶混交林和稀疏的阔叶林。常与其他柳莺混群活动，在林冠层穿梭跳跃。主要以昆虫及其幼虫为食，偶尔吃杂草的种子。

　　分　　　布‖森林区、农田区、城市区。

广东省科学院©

袁倩敏©

淡脚柳莺 *Phylloscopus tenellipes*

雀形目 PASSERIFORMES 莺科 Sylviidae

　　形态特征‖体长约11 cm。中等体形，色暗。上体橄榄褐色；具两道皮黄色的翼斑（春季迁徙期由于磨损往往仅见一道翼斑）；长眉纹白色（眼前方皮黄色），过眼纹橄榄色；嘴甚大，腿浅粉色；腰及尾上覆羽为橄榄褐色；下体白色，两胁沾皮黄灰色。与极北柳莺相比褐色较重，与乌嘴柳莺相比嘴小且嘴色淡。

广东省科学院©

　　生态习性‖栖息于山间茂密的林下植被中，最高可至海拔1 800 m。冬季栖息于红树林及灌丛。常与其他柳莺混群活动，在林冠层穿梭跳跃。主要以昆虫为食。

　　分　　布‖森林区。

暗绿绣眼鸟 *Zosterops japonicus*

雀形目 PASSERIFORMES 绣眼鸟科 Zosteropidae

　　别　　名‖白眼圈、绿豆鸟、白眼儿、白目眶、粉眼儿、金眼圈、相思仔、绣眼儿。

　　形态特征‖体长约10 cm。具白色眼圈的亮橄榄绿色小鸟。喉部及臀部黄色，眼圈下有半圈黑色。飞羽及尾羽黑褐色。胸及两胁灰白色。嘴黑色，脚偏灰色。

　　生态习性‖栖息于林缘、城镇公园。成群活动。取食小型昆虫、小浆果及花蜜。

　　分　　布‖广州全境。

袁倩敏©

大山雀 *Parus major*

雀形目 PASSERIFORMES　山雀科 Paridae

別　　　名‖白脸山雀。

形态特征‖体长约14 cm。头部和喉部为黑色，头两侧颊部有大块白斑。上体蓝灰色，背部略显绿色，下体灰白色。胸、腹部具一宽阔的中央纵纹与喉部黑色相连。

生态习性‖栖息于次生阔叶林及针阔叶混交林中，也光顾果园、道旁及房屋庭院。成对或结小群活动。主要以昆虫为食，也以蜘蛛、蜗牛、草籽、花等为食物。

分　　　布‖广州全境。

黄颊山雀 *Parus spilonotus*

雀形目 PASSERIFORMES　山雀科 Paridae

別　　　名‖花奇公、催耕鸟。

形态特征‖体长约14 cm。冠羽显著，头部具黑色及黄色斑纹。

生态习性‖栖息于次生阔叶林及针阔叶混交林中。常成对或成小群活动，有时也和大山雀等其他小鸟混群。性活泼，整天不停地在大树顶端、枝叶间跳跃穿梭，或在树丛间飞来飞去，也到林下灌丛和低枝上活动和觅食。主要以昆虫为食，也吃草籽、花等。

分　　　布‖森林区、农田区、湿地区。

红头长尾山雀 *Aegithalos concinnus*

雀形目 PASSERIFORMES 长尾山雀科 Aegithalidae

形态特征 ‖ 体长约10 cm。头顶及颈背棕红色，过眼纹宽而黑，白色的颔及喉部有一黑色大斑块，下体白色且带有不同程度的栗色。

生态习性 ‖ 栖息于次生阔叶林、针阔叶混交林及果园。性活泼，结大群，常与其他种类混群。主要以鞘翅目、鳞翅目等昆虫为食。

分　布 ‖ 森林区、农田区、城市区。

中华攀雀 *Remiz consobrinus*

雀形目 PASSERIFORMES 攀雀科 Remizidae

形态特征 ‖ 体长约11 cm。体形纤小的山雀。雌雄异色，但不易被发现。雄鸟顶冠灰色，脸罩黑色，背棕色，尾凹形。雌鸟及幼鸟似雄鸟，但色暗，脸罩略呈深色。

生态习性 ‖ 栖息于高山针叶林或混交林，也活动于低山开阔的村庄附近。冬季成群，特喜芦苇地栖息环境。主要以昆虫为食。

分　布 ‖ 湿地区。

纯色啄花鸟 *Dicaeum concolor*

雀形目 PASSERIFORMES 啄花鸟科 Dicaeidae

形态特征 ‖ 体长约 8 cm。上体橄榄绿色，下体偏浅灰色，腹中心奶油色，翼角具白色羽簇。与厚嘴啄花鸟的区别在于嘴细且下体无纵纹。

生态习性 ‖ 栖息于开阔的田野、山丘、次生阔叶林和树丛中。常光顾寄生植物。主要以花蜜为食。

分　　布 ‖ 森林区、农田区、城市区。

张琼悦©

朱背啄花鸟 *Dicaeum cruentatum*

雀形目 PASSERIFORMES 啄花鸟科 Dicaeidae

形态特征 ‖ 体长约 9 cm。雄鸟顶冠、背及腰猩红色，两翼、头侧及尾黑色，两胁灰色，下体余部白色。雌鸟上体橄榄色，腰及尾上覆羽猩红色，尾黑色。亚成鸟青灰色，嘴橘黄色，腰略沾暗橘黄色。

生态习性 ‖ 栖息于次生林、林缘及人工林中的寄生植物上，高可至海拔 1 000 m。性活跃。主要以昆虫和植物的果实为食。喜欢将头探入花中，用前端呈管状的分叉舌头吸食花蜜。

分　　布 ‖ 森林区、城市区、湿地区。

袁倩敏©

红胸啄花鸟 *Dicaeum ignipectus*
雀形目 PASSERIFORMES 啄花鸟科 Dicaeidae

　　别　　　名‖ 红心肝、火胸啄花鸟。

　　形态特征‖ 体长约9 cm。雄鸟上体蓝绿色，脸颊和尾羽黑色，胸具朱红色斑，腹有一道黑色纵纹。雌鸟上体橄榄绿色，下体棕黄色。

　　生态习性‖ 栖息于开阔的田野、山丘、次生阔叶林和树丛中。通常三至五只成群活动于高树顶处，有时也同绣眼鸟等混群。常在盛开花朵的树上结群觅食，特别是在冬季和干旱季节，花果不如春夏季繁茂时，结群活动更为常见。主要以昆虫和植物的果实为食。

　　分　　　布‖ 广州全境。

广东省科学院©

叉尾太阳鸟 *Aethopyga christinae*

雀形目 PASSERIFORMES 花蜜鸟科 Nectariniidae

　　别　　　名 ‖ 燕尾太阳鸟。

　　形态特征 ‖ 体长约10 cm。雌雄异色。雄鸟顶冠及颈背金属绿色，上体橄榄色或近黑色，腰黄色，下体余部橄榄白色，中央尾羽延长分叉。雌鸟色暗，尾羽不延长。

　　生态习性 ‖ 栖息于森林、城镇及村庄有林地区，常见于开花的矮丛及树木顶冠。常单独活动，有时成对，或结二十只左右的小群。性活跃，不畏人，行动敏捷，总是不停地在枝梢间跳跃飞行。用长嘴吸食花蜜，兼食昆虫。

　　分　　　布 ‖ 广州全境。

袁倩敏©

袁倩敏©

黄腹花蜜鸟 *Cinnyris jugularis*
雀形目 PASSERIFORMES 花蜜鸟科 Nectariniidae

形态特征 ‖ 体长约10 cm。雄鸟颏及胸金属黑紫色，有绯红色及灰色胸带，具艳橙黄色丝质羽的肩斑，上体橄榄绿色，繁殖期后金属黑紫色缩小为喉中心的狭窄条纹。雌鸟无黑色，上体橄榄绿色，下体黄色，通常具浅黄色的眉纹。

生态习性 ‖ 栖息于海拔800 m以下的低山丘陵和山脚平原地带的热带常绿阔叶林和次生阔叶林中。常在海滨、河边、山冈、村寨等开阔地带的乔木上活动，尤其喜欢栖息于四季花香的环境中。除繁殖期成对外，多单独活动。性活泼，行动敏捷，不停地跳跃、穿梭于枝叶间的花丛中，有时也到灌丛中觅食。主要以花蜜为食，也吃部分浆果、昆虫等其他食物。

分　　布 ‖ 森林区。

袁倩敏©

麻雀 *Passer montanus*
雀形目 PASSERIFORMES 雀科 Passeridae

别　　名 ‖ 树麻雀、霍雀、瓦雀、嘉宾、硫雀、家雀、老家贼、只只。

形态特征 ‖ 体长约14 cm。顶冠及颈背褐色。雌雄同色。成鸟上体近褐色，下体皮黄灰色，颈背具完整的灰白色颈环。与家麻雀及山麻雀的区别在于脸颊具明显的黑色点斑，且喉部黑色较少。

生态习性 ‖ 栖息于城镇、村庄、田野、公园。群居。取食草籽、谷物、昆虫。

袁倩敏©

分　　布 ‖ 广州全境。

山麻雀 *Passer rutilans*

雀形目 PASSERIFORMES 雀科 Passeridae

形态特征 ‖ 体长约 14 cm。雄雌异色。雄鸟顶冠及上体为鲜艳的黄褐色或栗色，上背具纯黑色纵纹，喉黑色，脸颊污白色；雌鸟色较暗，具深色的宽眼纹及奶油色的长眉纹。

生态习性 ‖ 栖息于海拔 1 500 m 以下的低山丘陵和山脚平原地带的各类森林和灌丛中。喜结群，除繁殖期单独或成对活动外，其他时候多成小群，在树枝或灌丛间飞来飞去或飞上飞下，飞行力较其他麻雀强，活动范围亦较其他麻雀大。冬季常随气候变化移至山麓草坡、耕地和村寨附近活动。主要以植物性食物和昆虫为食。

分　　布 ‖ 森林区。

白腰文鸟 *Lonchura striata*

雀形目 PASSERIFORMES 梅花雀科 Estrildidae

别　　名 ‖ 白丽鸟。

形态特征 ‖ 体长约 11 cm。上体红褐色至深褐色，有白色羽干纹，腰部白色，飞羽及尾羽深黑褐色，上胸及尾上覆羽褐色，下体余部白色。

生态习性 ‖ 栖息于低山丘陵，常出现于农田。性喧闹吵嚷，结小群生活。主要以植物的种子、果实、叶、芽等植物性食物为食，也吃少量昆虫。

分　　布 ‖ 广州全境。

斑文鸟 *Lonchura punctulata*

雀形目 PASSERIFORMES 梅花雀科 Estrildidae

别　　名 ‖ 白丽鸟、禾谷、十姊妹、十姐妹、算命鸟、衔珠鸟。

形态特征 ‖ 体长约10 cm，体形略小的暖褐色文鸟。雄雌同色。上体褐色，羽轴白色而呈纵纹，喉红褐色，下体白色，胸及两胁具深褐色鳞状斑。亚成鸟下体浓皮黄色而无鳞状斑。

生态习性 ‖ 栖息于耕地、花园及次生灌丛等环境开阔的多草地带。除繁殖期成对活动外，多成群，常成20～30只，甚至上百只的大群活动和觅食，有时也与麻雀和白腰文鸟混群。主要以植物的果实、种子等植物性食物为食，也吃部分昆虫。

分　　布 ‖ 广州全境。

袁倩敏©

金翅雀 *Carduelis sinica*

雀形目 PASSERIFORMES 燕雀科 Fringillidae

别　　名 ‖ 黄鸟、金雀、芦花黄雀。

形态特征 ‖ 体长约13 cm。细而尖的嘴黄褐色或肉黄色，虹膜栗褐色，基部粗厚，头顶暗灰色，背栗褐色而具暗色羽干纹，腰金黄色，尾下覆羽和尾基金黄色，翅上、翅下都有一块大的金黄色块斑，脚淡棕黄色或淡灰红色。

生态习性 ‖ 栖息于低山、丘陵、山脚平原等开阔地带的疏林中，也出现于城镇公园、果园、苗圃、农田等。常单独或成对活动，秋冬季节也成群，有时集群个体多达数十只甚至上百只。主要以树木和杂草的种子为食，也食谷物和昆虫。

袁倩敏©

分　　布 ‖ 广州全境。

黑尾蜡嘴雀 *Eophona migratoria*

雀形目 PASSERIFORMES　燕雀科 Fringillidae

別　　名‖ 黄弹鸟、黄楠鸟、芦花黄雀、绿雀、金翅。

形态特征‖ 体长约17 cm。长着一张硕大且端部黑色的黄色大嘴。雌雄异色。雄鸟头灰黑色，背、肩灰褐色，腰和尾上覆羽浅灰色。雌鸟头灰褐色，背灰黄褐色，腰和尾上覆羽近银灰色。

袁倩敏©

生态习性‖ 栖息于低山和山脚平原地带的阔叶林、针阔叶混交林、次生林和人工林中。繁殖期单独或成对活动，非繁殖期成群活动，有时集成数十只的大群。两翅鼓动有力，飞行迅速，在林内常一闪即逝。性活泼而胆大，不甚畏人。鸣声高亢，悠扬而婉转。主要以植物性食物为食。

分　　布‖ 森林区、农田区、城市区。

普通朱雀 *Carpodacus erythrinus*

雀形目 PASSERIFORMES　燕雀科 Fringillidae

形态特征‖ 体长约15 cm。雄鸟头顶、腰、喉、胸红色或洋红色，背、肩褐色或橄榄褐色，两翅和尾黑褐色，羽缘沾红色。雌鸟上体灰褐色或橄榄褐色，具暗色纵纹，下体白色或皮黄白色，亦具黑褐色纵纹。

生态习性‖ 栖息于落叶阔叶林及针叶林林间空地。繁殖期常单独或成对活动，非繁殖期则多成几只至十多只的小群活动和觅食。以植物的果实、种子、花、芽苞、嫩叶等植物性食物为食，繁殖期也吃部分昆虫。

分　　布‖ 森林区。

张琼悦©

灰头鹀 *Emberiza spodocephala*

雀形目 PASSERIFORMES 鹀科 Emberizidae

　　形态特征 ‖ 体长约 14 cm。头、颈、背及喉灰色，眼先及颏黑色，上体余部浓栗色而具明显的黑色纵纹，下体浅黄色或近白色，肩部具一白斑，尾色深而带白色边缘。雌鸟上体红褐色而带黑色纵纹。

　　生态习性 ‖ 栖息于山区的河谷、溪流、芦苇地、灌丛及林缘和较稀疏的林地、耕地等环境中。除繁殖期成对外，常成小群活动，也有单独活动者。性不怯疑，容易接近，并且往往在人非常接近时才飞离。主要捕食昆虫及其幼虫，也吃植物的果实、种子等食物。

　　分　　布 ‖ 森林区、农田区、城市区。

小鹀 *Emberiza pusilla*

雀形目 PASSERIFORMES 鹀科 Emberizidae

　　形态特征 ‖ 体长约 13 cm。体形小而具纵纹的鹀。头具条纹，上体褐色而带深色纵纹，下体偏白色，胸及两胁有黑色纵纹。繁殖期成鸟体小而头具黑色和栗色条纹，眼圈色浅。冬季雌雄两性耳羽及顶冠纹暗栗色，颊纹及耳羽边缘灰黑色，眉纹及第二道下颊纹暗皮黄褐色。

　　生态习性 ‖ 栖息于低山丘陵、灌丛、草地、农田等地。春秋季节结群活动。取食植物的种子、果实及昆虫。

　　分　　布 ‖ 森林区、农田区。

袁倩敏©

栗鹀 *Emberiza rutila*

雀形目 PASSERIFORMES 鹀科 Emberizidae

別　　　名‖ 黄蓬头、黄眉子、虎头凤。

形态特征‖ 体长约 15 cm。一种栗色和黄色的鹀。繁殖期雄鸟头、上体及胸部栗色而腹部黄色。

生态习性‖ 栖息于低山丘陵地带的次生林、阔叶林。多成小群活动，一般由数只或由十至三十只个体组成。性不大怯疑，人接近时才飞离。以植物性食物为主，兼食昆虫。

分　　　布‖ 森林区。

张春兰©

凤头鹀 *Melophus lathami*

雀形目 PASSERIFORMES 鹀科 Emberizidae

別　　　名‖ 蜡嘴雀、窃脂、青雀、大蜡嘴。

形态特征‖ 体长约 17 cm。雄性成鸟（春羽）：头、颈、肩、背、腰、尾，以及整个下体均为黑色，并带蓝绿色金属光泽；冠羽较长，达 30 mm 左右；尾上覆羽深栗色，边缘黑色；尾羽栗红色，羽端黑色；翼上覆羽和飞羽鲜栗色，小覆羽具黑缘，而初级飞羽和内侧次级飞羽先端乌黑；尾下覆羽和大腿羽淡栗褐色；腋羽黑色，翼下覆羽栗色。雄性成鸟（秋羽）：所有黑色部分的羽缘均呈橄榄褐色而扩展至全身各羽，翼覆羽转呈黑褐色，边缘浅淡。

生态习性‖ 栖息于低山针阔叶混交林、针叶林、阔叶林、林缘次生林、林间空地、溪流沿岸森林。一般单独或成对生活，很少有结群者，除家族群时期。性颇怯疑，一见远处有人即飞走。主要以植物性食物为食，如麦粒、薯类、杂草的种子、植物碎片等，也食少量昆虫和蠕虫。

分　　　布‖ 森林区。

陈翠丽©

白眉鹀 *Emberiza tristrami*
雀形目 PASSERIFORMES 鹀科 Emberizidae

    形态特征 ‖ 体长约15 cm。繁殖期雄鸟具白色中央冠纹、眉纹和颚纹，在黑色的头部极为醒目。雌鸟及非繁殖期雄鸟色暗，雌鸟头部图纹似繁殖期的雄鸟。

    生态习性 ‖ 栖息于低山针阔叶混交林、针叶林、阔叶林、林缘次生林、林间空地、溪流沿岸森林。常结成小群活动。主要以草籽等植物性食物为食，也食昆虫及其幼虫。

    分　　布 ‖ 森林区、农田区、城市区。

薄顺奇©

广东省科学院©

黄眉鹀 *Emberiza chrysophrys*

雀形目 PASSERIFORMES 鹀科 Emberizidae

别　　名‖ 高粱头、虎头儿、铁脸儿、花椒子儿、麦寂寂。

形态特征‖ 体长约15 cm。似白眉鹀，但眉纹前半部黄色，下体更白且多纵纹，翼斑也更白，腰更显斑驳且尾色较重。

生态习性‖ 栖息于山区混交林、平原杂木林和灌丛中，也到有稀疏矮丛及棘丛的开阔地带、沼泽地和开阔田野中活动。一般成小群生活、单独活动或与其他鹀类混杂飞行，但从不结成大群。性怯疑而又寂静，每天多数时间隐藏于地面灌丛或草丛中。在春季繁殖期，鸣声婉转而优美。主要以植物性食物为食。

分　　布‖ 农田区。

袁倩敏©

黄喉鹀 *Emberiza elegans*

雀形目 PASSERIFORMES　鹀科 Emberizidae

　　形态特征‖体长约15 cm。雌雄异色。雄鸟头部由黑色及黄色构成清晰的图纹，头顶长有短短的羽冠，腹部白色。雌鸟似雄鸟，由褐色取代黑色，皮黄色取代黄色，下喉部不具有黑色的"围脖"。

　　生态习性‖栖息于低山丘陵地带的次生林、阔叶林。繁殖期单独或成对活动，非繁殖期，特别是迁徙期多成五至十只的小群，有时亦见多达二十多只的大群，沿林间公路、河谷等开阔地带活动。性活泼而胆小，频繁地在灌丛与草丛中跳来跳去或飞上飞下，有时亦栖息于灌木或幼树顶枝上，见人后又立刻落入灌丛中或飞走。以昆虫及其幼虫为食。

　　分　　布‖森林区。

池鸿健©

四、哺乳类

华南中麝鼩 *Crocidura rapax*

劳亚食虫目 EULIPOTYPHLA　**鼩鼱科** Soricidae

　　别　　　名‖药老鼠、地老鼠。

　　形态特征‖体重15～30 g。头体长约75 mm，尾长约45 mm。体背淡灰色，毛尖淡棕色；两侧逐渐向腹面转淡色，腹面为灰色。尾较粗，尾背深暗，尾下淡灰色。

　　生态习性‖栖息于森林、灌丛、草丛、耕地等。杂食，以无脊椎动物、植物的果实等为食。视觉较差，夜行性。

　　分　　　布‖森林区、农田区。

陈锡昌©

臭鼩 *Suncus murinus*

劳亚食虫目 EULIPOTYPHLA　**鼩鼱科** Soricidae

　　别　　　名‖尖嘴老鼠、食虫鼠、粗尾鼩鼱、香鼠、钱鼠（台湾）。

　　形态特征‖体重26～85 g。头体长119～147 mm，尾长60～85 mm。体毛短密柔软，为带银灰色光泽的烟灰色，体背略带浅棕色。吻尖长，明显超出下颌。耳较大而圆，明显露于毛被外。尾长超过体长的一半，尾基部粗大，末端尖细。四肢细弱短小。

　　生态习性‖栖息于平原田野、沼泽地、灌丛草地、村落民居等处，喜潮湿温暖环境。杂食，以无脊椎动物、植物的果实等为食。视觉较差，夜行性。性凶猛。能发出尖锐的叫声。受惊时，体侧臭腺分泌出奇臭的物质以自卫。每年4—6月和8—10月繁殖，每胎产仔1～5只。

　　分　　　布‖森林区、农田区。

黄志文©

棕果蝠 *Rousettus leschenaultii*

翼手目 CHIROPTERA 狐蝠科 Pteropodidae

张礼标©

别　　　名 ‖ 赤果蝠、果蝠。

形态特征 ‖ 平均体重90 g。头体长95～120 mm，尾长10～18 mm，前臂长80～99 mm。全身被毛细软丝滑，毛为暗褐色至棕褐色。吻部较长，脸形似犬，眼大，耳朵简单，对耳屏较弱。拇指较长，第二指具爪，后足较强壮。尾短，后端游离。

生态习性 ‖ 栖息于热带、南亚热带地区的高大山洞、废弃房屋等处，一个山洞内可达上千只。主要以植物的果实（特别是浆果类）为食，如龙眼、荔枝，以及聚果榕、对叶榕、团花树的果实等。在北方冬寒地区，集群冬眠；在华南地区，冬季仍可见其外出觅食。夜晚飞出觅食，至次日凌晨返回栖息处。每年3—4月和9—10月繁殖，每胎产仔1只。

分　　　布 ‖ 农田区。

中菊头蝠 *Rhinolophus affinis*

翼手目 CHIROPTERA 菊头蝠科 Rhinolophidae

别　　　名 ‖ 爪哇菊头蝠、间型菊头蝠。

形态特征 ‖ 平均体重16 g。头体长58～63 mm，尾长20～35 mm，前臂长46～56 mm。毛色变化较大，从淡黄褐色到橙色均有，腹部色淡，雌蝠毛色稍暗。鼻叶结构较复杂，蹄状叶较宽阔，两侧各有一附小叶；鞍状叶中央两侧内凹，连接叶低圆，顶叶近等边三角形。

生态习性 ‖ 栖息于热带、亚热带地区。多在山洞内群居，通常与其他种类的蝙蝠混居。捕食昆虫。冬季迁飞到其他地方冬眠。每年6月繁殖，每胎产仔1只。

分　　　布 ‖ 森林区。

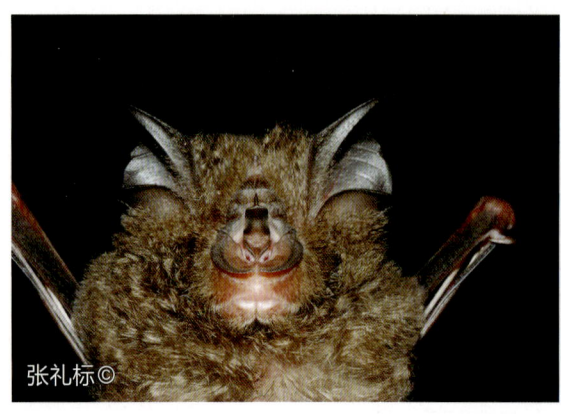
张礼标©

张礼标©

小菊头蝠 *Rhinolophus pusillus*

翼手目 CHIROPTERA　菊头蝠科 Rhinolophidae

　　形态特征‖平均体重4 g。头体长35～44 mm，前臂长35～38 mm。体形在菊头蝠中较小。鞍状叶基部宽，顶部呈三角形，两侧缘向内凹；连接叶侧面呈尖三角形；马蹄叶钝而圆，具两颗小乳突。耳短。翼膜不延长。体背锈棕黄色，腹面棕褐色。

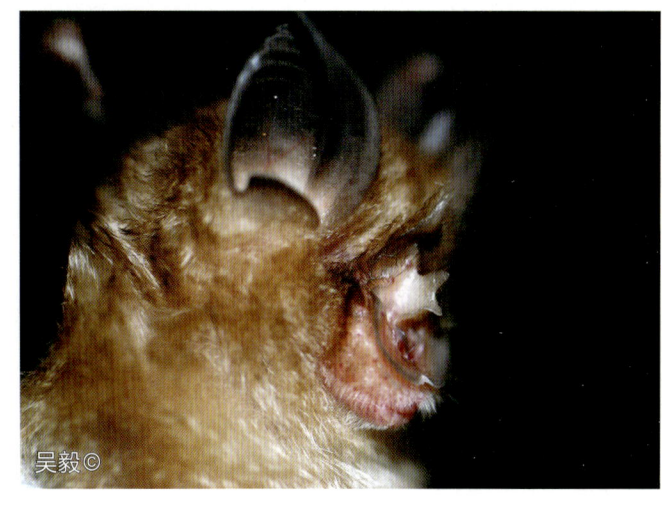

吴毅 ©

　　生态习性‖栖息于低山山洞、坑道或居民点附近的洞穴内。多与其他蝠类共居。一至五只成小群，偶见二十只大群。季节性地出现同性群。捕食蛾、蚊等。

　　分　　布‖森林区、居民区、农田区。

中华菊头蝠 *Rhinolophus sinicus*

翼手目 CHIROPTERA　菊头蝠科 Rhinolophidae

　　形态特征‖体重9～14 g。头体长41～53 mm，尾长18～29 mm，前臂长45～52 mm，颅全长19～23 mm。马蹄叶较大，两侧下缘各有一片附小叶；鞍状叶左右两侧呈平行状，顶端圆；连接叶阔而圆。背毛毛尖栗色，毛基灰白色，腹毛赭褐色。

　　生态习性‖栖息于自然岩洞、废弃的防空洞、坑道、窑洞等中。可集成上百只的群体，偶与皮氏菊头蝠、西南鼠耳蝠、大蹄蝠、长翼蝠、中华鼠耳蝠等同栖一洞。捕食蚊类和鳞翅目昆虫。

　　分　　布‖森林区。

张亮 ©

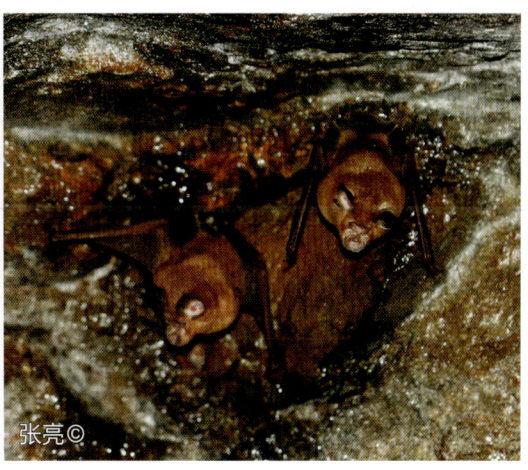

张亮 ©

大蹄蝠 *Hipposideros armiger*

翼手目 CHIROPTERA 蹄蝠科 Hipposideridae

别　　名‖大马蹄蝠。

形态特征‖平均体重54 g。头体长80～110 mm，尾长48～70 mm，前臂长82～99 mm。体形甚大。体毛细密，呈灰黑色，翼膜近黑色。耳较大，后缘内凹。马蹄状鼻叶稍弱。

生态习性‖栖息于热带、亚热带地区。多在山洞内群居，通常与其他种类的蝙蝠混居。捕食昆虫。冬季迁飞到其他地方冬眠。每年6月繁殖，每胎产仔1只。

分　　布‖森林区。

中蹄蝠 *Hipposideros larvatus*

翼手目 CHIROPTERA 蹄蝠科 Hipposideridae

形态特征‖头体长74～78 mm，尾长37～44 mm，后足长10～15 mm，耳长23～26 mm，前臂长56～69 mm。体形中等。耳大，马蹄叶中间有缺刻，基部外侧各具三片小叶。毛色近深灰褐色，腹面较淡，毛基棕灰色。

生态习性‖栖息于海拔1 000 m的岩洞中。白天栖息于洞内，傍晚开始外出觅食。捕食昆虫。

分　　布‖森林区。

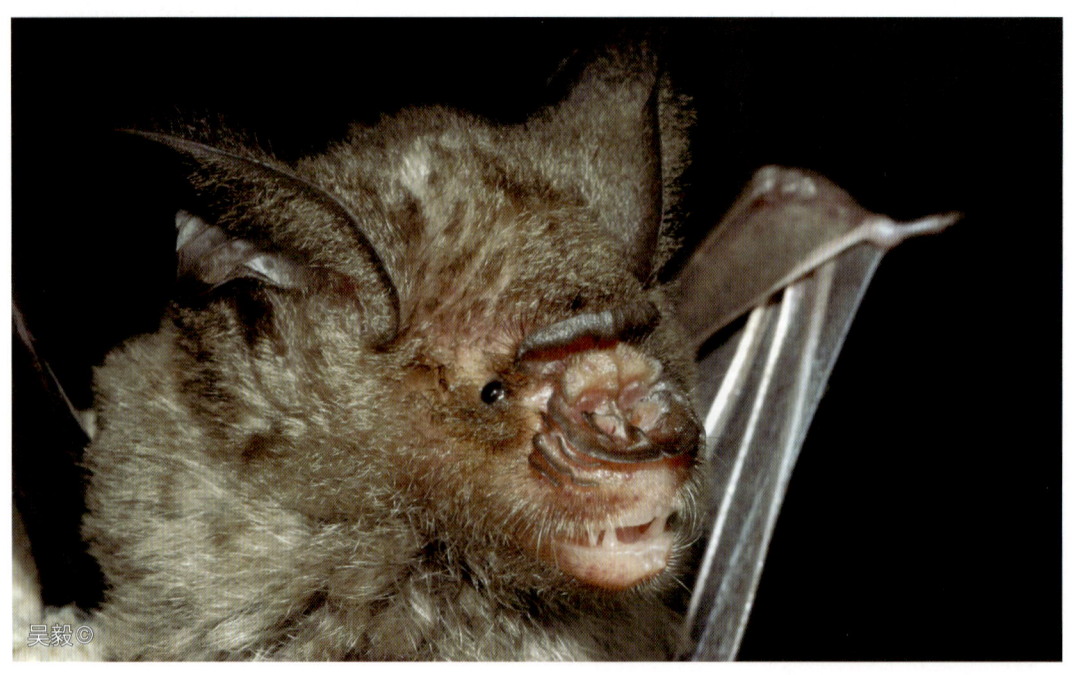

中华鼠耳蝠 *Myotis chinensis*

翼手目 CHIROPTERA 蝙蝠科 Vespertilionidae

形态特征 ‖ 头体长91～97 mm，尾长53～58 mm，前臂长64～69 mm，后足长16～18 mm，颅全长约23 mm。头部像鼠，耳尖长，前折可达鼻端。耳屏细尖，约为耳长的一半。翼膜止于趾基。上体乌褐色，毛尖褐色。下体暗灰色，毛尖灰色。

张礼标©

生态习性 ‖ 栖息于岩洞中。单只或数只悬挂在岩洞顶壁，偶与大足鼠蝠组成混合群。夜间出洞捕食，黎明前归洞。捕食昆虫。

分　　布 ‖ 森林区、农田区。

大足鼠耳蝠 *Myotis pilosus*

翼手目 CHIROPTERA 蝙蝠科 Vespertilionidae

形态特征 ‖ 头体长约65 mm，尾长45～54 mm，前臂长53～56 mm，后足长15～17 mm，颅全长约21 mm。体形中等。腹毛短而紧密，整个后腿和足及尾膜基部都覆有短毛。背毛浅棕红色；腹毛几乎灰白色，毛尖黑灰色。后足连爪与胫等长。

生态习性 ‖ 栖息于丘陵或山区的岩洞内。集小群居住，与其他蝠类同居一洞。通常捕食昆虫，但与大部分蝙蝠不同，由于具有强健的足，其还具有捕食小型鱼类的能力。

分　　布 ‖ 森林区、农田区。

张礼标©

东亚伏翼 *Pipistrellus abramus*

翼手目 CHIROPTERA **蝙蝠科** Vespertilionidae

　别　　　名‖日本伏翼、家蝠。

　形态特征‖平均体重5 g。头体长38～60 mm，尾长29～45 mm，前臂长31～36 mm。毛色几乎为烟灰褐色，腹部色淡。头骨很宽，颧骨纤细，吻突宽扁。耳短而略宽。有耳屏，无鼻叶。尾通常被尾膜包裹。

　生态习性‖栖息于建筑物内，常见于建筑物及人类居住区附近，有时也在树洞内生活。群居，偶尔独居。捕食蚊虫，个别种类也食鱼类。一般在11月至翌年3月冬眠。通常5月底至6月初产仔，每年一胎，每胎产仔1～2只。

　分　　　布‖农田区、城市区。

张礼标©

张礼标©

普通伏翼 *Pipistrellus pipistrellus*

翼手目 CHIROPTERA **蝙蝠科** Vespertilionidae

形态特征‖平均体重4.3 g。头体长40～48 mm，尾长29～35 mm，前臂长30～32 mm。体毛细密柔软，呈暗黑褐色。翼膜和尾膜为褐色，几乎全裸。头宽短，吻部腺体明显。耳短宽，耳壳较小，耳屏狭长，接近耳长的一半。尾较短，仅尾尖露出尾膜。后足细小。

张礼标©

生态习性‖栖息于田野及城镇。群居，偶尔独居。捕食蚊虫。其活动时间和范围与食物丰富度密切相关。傍晚飞出居住地，黎明飞返。通常5月底至6月初产仔，每年一胎，每胎产仔1只。

分　　布‖农田区、城市区。

灰伏翼 *Hypsugo pulveratus*

翼手目 CHIROPTERA **蝙蝠科** Vespertilionidae

形态特征‖头体长44～47 mm，尾长37～38 mm，前臂长33～36 mm，后足长7～8 mm，颅全长14～15 mm。体形较小。上体毛煤黑色，毛尖黄褐色或沙黄色，股间膜具稀疏的褐色短毛；下体毛色稍浅，毛基黑色或黑褐色，毛尖较浅；上臂与体侧具稀疏的黑褐色短毛，股间膜具稀疏的淡灰色或灰白色短毛。

生态习性‖栖息于海拔400～1 900 m的岩洞中，偶见栖息于废旧建筑内。常单只或小群伏于石缝内，偶与宽耳犬吻蝠同居一洞。以蚊类、蛾类等昆虫为食。

分　　布‖森林区、农田区、居民区。

张礼标©

中华山蝠 *Nyctalus plancyi*

翼手目 CHIROPTERA 蝙蝠科 Vespertilionidae

别　　名‖绒山蝠。

形态特征‖平均体重28 g。头体长65～75 mm，尾长36～52 mm，前臂长47～50 mm。体毛浓密，呈黑褐色。鼻吻部被毛稀疏。腹面为黄褐色。耳大，呈钝角三角形，耳屏明显。尾较长。后足较粗壮。

生态习性‖中国特有种。栖息于热带、亚热带及温带地区。群居或独居在山洞、树洞和房屋内。捕食昆虫。活动状况随季节等因素而改变。夏季及初秋傍晚无雨时出来活动，次日凌晨返回栖息地。秋冬季气温连续下降至16℃以下时进入冬眠，冬眠期约四个月。通常于5—6月繁殖，每年一胎，每胎产仔1～2只。

分　　布‖森林区。

张亮©

华南扁颅蝠 *Tylonycteris fulvidus*

翼手目 CHIROPTERA　蝙蝠科 Vespertilionidae

吴毅©

　　形态特征 ‖ 头体长34～46 mm，尾长26～33 mm，前臂长22～28 mm，后足长5～7 mm，颅全长约11 mm。体形小巧。头扁平，耳屏短，端部钝圆。上体毛具浅黄棕色毛基，毛长且为深褐色。下体毛棕黄色。

　　生态习性 ‖ 栖息于竹子的内节中，与大部分蝙蝠不同。主要以白蚁、蚊为食，也吃一些体形极小的鞘翅目昆虫。

　　分　　布 ‖ 森林区。

大黄蝠 *Scotophilus heathii*

翼手目 CHIROPTERA　蝙蝠科 Vespertilionidae

　　形态特征 ‖ 头体长67～93 mm，尾长43～71 mm，前臂长55～66 mm，后足长9～15 mm，颅全长21～26 mm。体形较大。毛被短而精密；背毛黄褐色；腹毛浅棕色或土黄色；尾尖稍稍突出于尾膜外。

　　生态习性 ‖ 栖息于家舍内，森林区也有分布，常见的家蝠。常集五十只以下的小群，在空旷地的上空和森林边缘觅食。捕食昆虫。

　　分　　布 ‖ 居民区、森林区、农田区。

张礼标©

小黄蝠 *Scotophilus kuhlii*

翼手目 CHIROPTERA 蝙蝠科 Vespertilionidae

形态特征∥头体长60～78 mm，尾长40～65 mm，前臂长44～55 mm，后足长8～13 mm，颅全长16～20 mm。体形中等。背毛棕褐色；腹面较浅，但没有浅黄色。

生态习性∥栖息于棕榈科叶丛中，与大黄蝠习性相似，也是常见的家蝠。捕食昆虫。

分　　布∥居民区、森林区、农田区。

亚洲长翼蝠 *Miniopterus fuliginosus*

翼手目 CHIROPTERA 蝙蝠科 Vespertilionidae

形态特征∥头体长67～78 mm，尾长50～62 mm，前臂长47～50 mm，后足长9～12 mm，颅全长16～17 mm。体形大。背毛深棕色或浅红棕色；腹面毛色相近，但毛尖较淡；尾、尾膜和翼均长。

生态习性∥栖息于林区山洞，偶见栖息于树缝和家舍内。捕食昆虫。在北方有冬眠的习性，在南方有季节性的迁徙。

分　　布∥森林区、居民区、农田区。

猕猴 *Macaca mulatta*

灵长目 PRIMATES 猴科 Cercopithecidae

別　　名‖猢猴、黄猴、沐猴、恒河猴、老青猴、广西猴。

形态特征‖体重7～10 kg。头体长430～600 mm，尾长60～100 mm。个体稍小。颜面瘦削，头顶没有向四周辐射的漩毛，具颊囊，肩毛较短，尾较长，约为体长的一半。身上大部分毛为灰黄色或灰褐色，背部棕灰色或棕黄色，腰部以下为橙黄色或橙红色，腹面淡灰黄色、有光泽，胸腹部和腿部的灰色较浓。

生态习性‖栖息于热带、亚热带及温带阔叶林。喜在石山的林灌地带，岩石嶙峋、悬崖峭壁，又夹杂着溪河沟谷、攀藤绿树的广阔地段。以树叶、嫩枝、野菜等为食，也吃小鸟、鸟卵、各种昆虫，甚至蚯蚓。集群生活，由十只或上百只组成，由猴王带领。爱攀藤上树，喜觅峭壁岩洞，活动范围大。猴群有"哨兵"，若发现异常情况，即会发出信号，召唤猴群迅速转移。一般于11—12月发情。翌年3—6月产仔，或三年生两胎，每胎产仔1只，妊娠期平均为五个月，哺乳期约四个月。雌猴2.5～3岁性成熟，雄猴4～5岁性成熟。

分　　布‖森林区。

黄志文©

黄喉貂 *Martes flavigula*

食肉目 CARNIVORA 鼬科 Mustelidae

别　　　名‖青鼬、蜜狗、黄腰狸、黄腰狐狸。

形态特征‖体重0.8～2.8 kg。头体长325～630 mm，尾长250～480 mm。耳部短而圆。身体的毛色比较鲜艳，头部、颈背部、身体后部、四肢及尾巴均为暗棕色至黑色，喉胸部毛鲜黄色，腰部呈黄褐色，尾巴为黑色。皮毛柔软而紧密。

生态习性‖栖息于常绿阔叶林和针阔叶混交林区。活动于大面积的丘陵或山地森林中，不受林型的影响。典型的食肉性动物，捕食昆虫、鱼类及小型鸟兽。单独或数只集群进行捕猎。行动快速敏捷，具有很强的爬树本领。常在白天活动，但早晚活动更加频繁。行动隐蔽，视觉良好。妊娠期9～10个月，在中国南方一般在春季繁殖，雌兽产仔于树洞中，每胎约产仔2只。

分　　　布‖森林区。

黄志文©

黄腹鼬 *Mustela kathiah*

食肉目 CARNIVORA **鼬科** Mustelidae

> **别　　名** ‖ 香菇狼、松狼。
>
> **形态特征** ‖ 体重168～250 g。头体长205～334 mm，尾长65～182 mm。身体稍显纤细苗条。暗褐色的体背和尾巴与黄白色的下颌及腹部对比鲜明，形成明显的分界线。尾细长。爪短细，呈灰褐色。
>
> **生态习性** ‖ 栖息于森林、低山丘陵、农田，以及村庄周围。杂食，以小型哺乳类、鸟、鸟卵、蜥蜴、蛙、昆虫、植物的果实等为食。夜行性。独居或成对生活。以其他动物的洞穴、树洞、石缝等作为巢穴。活动敏捷，擅游泳。遇险或受惊时，肛腺能释放恶臭的物质以趁机逃生。每年春末夏初交配，每胎产仔3～8只。
>
> **分　　布** ‖ 森林区、农田区。

曹宏芬◎

鼬獾 *Melogale moschata*

食肉目 CARNIVORA **鼬科** Mustelidae

> **别　　名** ‖ 猸子、山獾、山獭。
>
> **形态特征** ‖ 体重500～1 600 g。头体长305～430 mm，尾长115～215 mm。身体短小，吻部前突。体背为棕灰色、暗紫色或棕褐色，腹部苍白色或黄白色，尾毛毛尖灰白色或乳黄色。两眼间有近方形大块白斑，脸颊的白色花纹形状多变。头顶的白斑向后逐渐变细，与背中央的白色条纹相接或不相接。尾较短且蓬松。

黄志文◎

> **生态习性** ‖ 栖息于山地和平原，见于林缘、河谷、灌丛和草丘中。通常在天然洞穴或其他动物的废弃洞穴内。杂食，取食蚯蚓、蜗牛、昆虫及其幼虫、螺，以及小型哺乳类、鸟、鸟卵、蛙、植物的果实、腐肉等。夜行性。独居或成对活动。夏秋季繁殖，每胎产仔2～4只。
>
> **分　　布** ‖ 森林区。

小灵猫 *Viverricula indica*

食肉目 CARNIVORA 灵猫科 Viverridae

别　　名∥乌脚狸、七节狸、笔猫、香狸、麝香猫。

形态特征∥体重1.6～4.0 kg。头体长500～610 mm，尾长280～390 mm。体形中等。形似家猫，但体形较之略大且显瘦长。背部多为黄灰色或淡棕褐色，有三至五道黑纹贯通整个背部，颈侧有两条黑纹，体侧各有四至五排黑色小点斑，尾上带有六至九个黑白色环纹，尾尖通常为白色。

生态习性∥栖息于多林山地、灌丛、平原地区。杂食，捕食鼠、松鼠、鸟、蜥蜴、昆虫等，也吃植物的果实。夜行性，白天通常掘洞潜伏休息，黄昏后外出活动。独居。全年均可繁殖，每胎产仔2～5只。

分　　布∥森林区。

黄志文◎

果子狸 *Paguma larvata*

食肉目 CARNIVORA 灵猫科 Viverridae

别　　名∥花面狸、白鼻狗、破脸狗、花脸獐。

形态特征∥体重3～7 kg。头体长400～690 mm，尾长350～600 mm。体形中等。体毛短而粗，体色为黄灰褐色。头部毛色较黑，脸部中央的白色粗纹从前额延伸至鼻子，眼下及耳下具白斑，背部体毛灰棕色，后头、肩、四肢末端及尾巴后半部为黑色。四肢短壮，各具五趾；趾端有爪，爪稍有伸缩性。尾长约为体长的2/3。

生态习性∥栖息于森林、灌丛、岩洞、树洞或土穴中。杂食，主要以植物的果实为食，也吃鼠、鸟、昆虫及树根等。夜行性，白天躲在石缝、岩洞、洞穴中休息。独居。冬春季交配，夏季产仔，每胎产仔1～5只。

分　　布∥森林区。

袁喜才◎

食蟹獴 *Herpestes urva*

食肉目 CARNIVORA　獴科 Herpestidae

别　　　名∥ 山獾。

形 态 特 征∥ 体重1.0～2.3 kg，最大可达3 kg。头体长360～520 mm，尾长240～336 mm。鼻吻尖长，耳短小。颈短而粗，体躯稍粗壮，略似扁圆形。尾基部粗大，向尾末端逐渐尖细。四肢短矮，各具五趾；第一趾爪较短小，第三、第四趾爪甚长且尖锐。肛门两侧有一对肛门腺，腺孔可放出臭气。

生 态 习 性∥ 栖息于山林沟谷及溪水两旁的密林里，间杂有山坑田的山地杂木林区更是它们经常活动的环境。杂食，以植物为主。多在白天活动。雌雄个体均在一岁以内性成熟。2—3月发情，每年产一胎，妊娠期为50～60天，每胎产仔2～5只。

分　　　布∥ 森林区。

黄志文©

豹猫 *Prionailurus bengalensis*

食肉目 CARNIVORA 猫科 Felidae

别　　名‖ 铜钱猫。

形态特征‖ 体重1.5～5.0 kg。头体长360～660 mm，尾长200～370 mm。南方种群的毛色基调为淡褐色或浅褐色。体形和家猫相仿，但更纤细，四肢更长。尾背面有褐色斑点或半环，尾端黑色或暗灰色。

生态习性‖ 栖息于森林、农业区及人类居住地附近，但罕见于草地和干草原。肉食性，捕食鼠等。夜行性。性成熟时间为18～24个月。无固定的繁殖季节，每年产一胎，妊娠期为60～70天，每胎产仔2～4只。

分　　布‖ 森林区。

李成©

野猪 *Sus scrofa*

偶蹄目 ARTIODACTYLA **猪科** Suidae

　　别　　名‖山猪。

　　形态特征‖体重50～200 kg。头体长900～1 800 mm，肩高109～590 mm，尾长200～300 mm。体表覆盖着粗糙的暗褐色或黑色鬃毛，激动时脖子上的毛竖起形成一绺鬃毛。幼崽带有条状花纹，毛粗而稀，几乎从颈部直至臀部都长有鬃毛。尾细短，四肢细长，蹄为黑色。耳尖而小，嘴尖长。雄性野猪具有尖锐、发达的外露獠牙。

黄志文©

　　生态习性‖栖息于各种环境。活动于森林、山地、灌丛、草地、沼泽地带，有时还侵入农田和村落周边觅食。杂食，几乎能以各种食物为食。通常结小群在晨昏时分活动。雄猪多独自生活，仅繁殖时与雌性一起生活。性凶猛。雄猪的长獠牙可用于防卫、抵御捕食者的攻击或与其他雄性争夺地盘和配偶。会用树枝、树叶、杂草等铺衬自己的窝。通常在春季繁殖，每胎产仔4～8只。初生猪崽身上带有褐色条纹，有伪装作用。

　　分　　布‖森林区、农田区。

小麂 *Muntiacus reevesi*

偶蹄目 ARTIODACTYLA **鹿科** Cervidae

　　别　　名‖吠鹿、犬鹿、角鹿、黄麂、黄猄。

　　形态特征‖体重15～28 kg。头体长640～900 mm，肩高400～490 mm，尾长86～130 mm。雄性具角，但角又短小，角尖向内、向下弯曲。毛色变异较大，由栗色到暗栗色。腰部毛鲜栗色，其后部黑色毛尖相当长。身体两侧较暗黑，脚为黑棕色，喉部发白，颈背黑线或不明显。

　　生态习性‖栖息于小丘陵、小山的低谷或森林边缘的灌丛、杂草丛中。植食性，取食多种灌木、树木和草本植物的枝叶、嫩叶、幼芽，也吃花和果实。性怯懦且孤僻，常单独生活，很少结群，活动范围小，常出没在森林四周或粗长的草丛周围，很少远离其栖息地。全年繁殖。妊娠期为六个月，每胎产仔1～2只，出生后七至八个月性成熟。

　　分　　布‖森林区。

袁喜才©

赤麂 *Muntiacus vaginalis*

偶蹄目 ARTIODACTYLA 鹿科 Cervidae

别　　　名∥红麂、黄麂、麂子、黄猄。

形态特征∥体重17～40 kg。头体长980～1 200 mm，肩高500～720 mm，尾长170～200 mm。夏毛为红棕色，冬毛为暗褐色。身体大部分呈赤红色或赭褐色。腹部灰白色。鼠鼷部、臀内侧和尾下为纯白色。颈背和背脊毛色较深。尾短小下垂。雄性具长而向后、向内弯曲的两叉角，额腺显著，额部无明显簇毛。

李晶晶©

生态习性∥栖息于灌丛和常绿阔叶林。植食性，采食野果、青草、嫩叶等食物，有时盗食田间蔬菜。昼夜活动。独居或结小群生活。受惊时常发出吠叫声。全年均可繁殖，每胎产仔1～2只。

分　　　布∥森林区。

赤腹松鼠 *Callosciurus erythraeus*

啮齿目 RODENTIA 松鼠科 Sciuridae

别　　　名∥红腹松鼠。

形态特征∥体重280～420 g。头体长175～240 mm，尾长146～267 mm。体背自吻部至身体后部为橄榄黄灰色，体侧、四肢外侧及足背与体背同色。腹毛为栗红色、锈棕色或棕黄色。尾呈扩散带状，尾毛长而蓬松，颜色与体背基本相同，也有毛尖为黑色的。耳壳内侧淡黄灰色，外侧灰色；耳缘有黑色长毛，但不形成毛簇。

生态习性∥栖息于树上，借树枝的变杈处筑巢，亦利用树干腐洞之类的洞穴筑窝。杂食，主要以植物的果实、叶片、嫩枝、花、芽，以及鸟卵、雏鸟或昆虫等为食。昼行性，但晨昏活动更频繁。栖息在树洞内，用细树枝、叶片和杂草筑巢。春夏季繁殖，每胎产仔2～3只。

分　　　布∥森林区。

李俊杰©

倭花鼠 *Tamiops maritimus*

啮齿目 RODENTIA 松鼠科 Sciuridae

别　　　名‖ 倭花鼠、隐纹花松鼠。

形态特征‖ 体重约70 g。头体长105～134 mm，尾长80～115 mm。背毛短，呈橄榄灰色；腹毛淡黄色；侧面的亮条纹短而窄，呈暗褐白色，中间的两条亮条纹模糊，侧面一对较清晰。眼下面的灰白色条纹不与背上的亮条纹连接。

生态习性‖ 栖息于常绿阔叶林和针阔叶混交林中。杂食，以植物的果实、种子、嫩枝、花蜜及昆虫等为食。高度树栖性。

分　　　布‖ 森林区、农田区。

陈锡昌©

陈锡昌©

红背鼯鼠 *Petaurista petaurista*

啮齿目 RODENTIA 鼯鼠科 Petauristidae

　别　　　名‖赤鼯鼠、大鼯鼠、大飞鼠、棕鼯鼠。

　形态特征‖体重1 600～2 450 g。头体长398～520 mm，尾长375～630 mm。身体背面、皮翼、足和尾上面均呈闪亮赤褐色到暗栗红色；颈背及体背面中间部分毛色较深暗；体腹面带粉红色或橙红色，至皮翼边缘下面逐渐成为赤褐色，腹部两侧白色。耳壳后有少许黑色毛。眼周及颊部黑色。

李俊杰©

　生态习性‖栖息于海拔1 500～2 400 m的山地亚热带常绿阔叶林与针叶林中。主要以水果、坚果、嫩枝、嫩草为食，有时也吃昆虫及其幼虫。在树洞中营巢，一年四季均活动。昼间藏匿于树洞，或蜷缩在树上，一般离地面20 m以上，夜晚利用皮翼滑翔于树间。每年2—4月为交配期。妊娠期约75天，每年一胎，每胎产仔1～3只。幼体三个月后自行觅食。

　分　　　布‖森林区。

黄毛鼠 *Rattus losea*

啮齿目 RODENTIA 鼠科 Muridae

　别　　　名‖田鼠、罗赛鼠、黄哥仔。

　形态特征‖体重22～90 g。后足长小于33 mm。体细长。耳小而薄，前折遮不住眼部。体背毛黄褐色或棕褐色，腹部灰色，毛端白色，背腹部无明显界线。尾上部呈深褐色，下部略浅。

　生态习性‖主要在夜间活动。以植物性食物为主，常到水稻、甘蔗及甘薯等作物地盗食作物，有时也食小型动物，如昆虫等。

　分　　　布‖森林区、农田区。

杨胜男©

褐家鼠 *Rattus norvegicus*

啮齿目 RODENTIA 鼠科 Muridae

别　　名‖沟鼠、大家鼠、挪威鼠。

形态特征‖体重230～500 g。头体长205～260 mm，尾长190～250 mm。体形较大。

体背面毛色多变，从淡灰褐色或棕褐色至黑灰色均有，毛基深灰色，毛尖深棕色。头和背中央毛色较深，杂有部分全黑色长毛。耳短而厚，前折达不到眼部。体侧毛颜色略浅，腹毛为灰白色，上端白色，下端灰色。尾细长，长度明显短于体长，尾毛稀疏，尾上环状鳞片清晰可见，上下呈褐黑色。足背白色。

陈锡昌©

生态习性‖多栖息于人居环境，也栖息于农田、果园、草原、河岸等处。杂食，食物种类多变，主要以作物、瓜果、蔬菜为食，也吃蛙、昆虫、螺等。成群活动，昼夜均活跃，晨昏时段活动最为频繁。擅长游泳。全年均可繁殖，每年产仔6～10窝，每窝5～14只。

分　　布‖农田区、城市区。

针毛鼠 *Niviventer fulvescens*

啮齿目 RODENTIA 鼠科 Muridae

别　　名‖山鼠、刺毛鼠。

形态特征‖体重60～135 g。头体长131～172 mm，尾长160～221 mm。中型鼠类，体形纤细。背毛为棕色或棕黄色，其中杂有许多刺状针毛；针毛基部白色，尖端褐色，越靠近背部中央针毛越多，背腹交界处针毛较少，呈鲜艳的棕黄色。腹毛为乳白色，与背毛分界明显。尾细长，尾长超过体长。尾背面为棕褐色，腹面为黄白色。前、后足背面为白色。

刘恩顺©

生态习性‖栖息于热带及亚热带地区的林区、丘陵、山地、竹林、灌丛及山涧溪流附近。杂食，喜食植物的果实、种子、嫩叶、嫩芽等，盗食稻谷、小麦、花生等作物。多在夜间活动。穴居，偶尔在树上筑巢。多在4—9月繁殖，每年产仔2～3窝，每窝1～7只。

分　　布‖森林区。

青毛巨鼠 *Berylmys bowersi*

啮齿目 RODENTIA 鼠科 Muridae

　　别　　　名 ‖ 青毛硕鼠。

　　形态特征 ‖ 体重可达420 g。头体长236～285 mm，尾长249～292 mm，后足长48～61 mm，耳长32～36 mm，颅全长52～59 mm。体形大，硕鼠属中体形最大的一种。背毛为暗淡的浅棕红色；腹毛纯白色。尾长略大于头体长，一般为棕色，尾端白色。前足和后足背面深棕色，但趾和足侧白色。雌性有四对乳头。

洪鸿志©

　　生态习性 ‖ 栖息于原始森林中，也发现于次生林和灌丛中，主要为林栖。主要为植食性，吃植物的果实和草本植物，也吃一些昆虫和软体动物。在岩石缝、倒树、溪流等地活动觅食。

　　分　　　布 ‖ 森林区。

银星竹鼠 *Rhizomys pruinosus*

啮齿目 RODENTIA 鼹形鼠科 Spalacidae

　　别　　　名 ‖ 花白竹鼠、粗毛竹鼠、竹溜。

　　形态特征 ‖ 体重1.5～2.5 kg。头体长240～345 mm，尾长90～130 mm。体形中等。身体粗壮，吻短并长有黑褐色的长须。四肢短而粗，有较强的爪。前、后足均具五趾。全身体毛粗糙，为灰褐色，体背有许多长针毛，长针毛尖呈银灰色。腹毛较稀疏，为灰褐色。尾巴裸露，仅尾基部有稀疏短毛。

　　生态习性 ‖ 栖息于成片竹林或竹类与其他植物共同组成的混交林、山谷芒草丛中。植食性，主要取食竹子、植物的种子和果实。除了在地下啃食植物，也会上至地面取食植物其他部位。夜行性。除雨过天晴之时或夜晚外，主营地下生活，白天躲藏在洞中休息，少动多睡，黄昏或夜间才出来活动，寻找食物。全年均可繁殖，春秋季为繁殖高峰，每窝产仔1～5只。

李远球©

　　分　　　布 ‖ 森林区。

中国豪猪 *Hystrix hodgsoni*

啮齿目 RODENTIA　豪猪科 Hystricidae

别　　　名‖箭猪。

形态特征‖体重10～18 kg。头体长558～735 mm，尾长80～115 mm。眼和耳很小。额和前背之间中间区的棘刺基部为淡棕色，上边为白色，形成白色条纹。颈部有一白色条纹。体深棕色。

生态习性‖栖息于森林和开阔田野。植食性，食物包括根、块茎、树皮、草本植物和落下的果实。夜行性。秋冬季发情，春季或初夏产仔。通常每年产一至两胎，妊娠期约为110天，每胎产仔1～2只。

分　　　布‖森林区、农田区。

袁喜才©

参 考 文 献

《车八岭国家级自然保护区调查研究论文集》编委会，1993．车八岭国家级自然保护区调查研究论文集
　　[M]．广州：广东科技出版社．

费梁，胡淑琴，叶昌媛，等，2009a．中国动物志：两栖纲：中卷：无尾目[M]．北京：科学出版社．

费梁，胡淑琴，叶昌媛，等，2009b．中国动物志：两栖纲：下卷：无尾目：蛙科[M]．北京：科学出版社．

费梁，叶昌媛，江建平，2010．蛙科Ranidae系统关系研究进展与分类[M]//计翔．两栖爬行动物学研究
　　（第12辑）．南京：东南大学出版社．

费梁，叶昌媛，江建平，2012．中国两栖动物及其分布彩色图鉴[M]．成都：四川科学技术出版社．

高妍彬，2008．淮盐高速对沿线鸟类的生态影响[D]．南京：南京林业大学．

谷颖乐，杨道德，刘松，等，2007．广东南昆山自然保护区两栖爬行动物资源调查[J]．四川动物，26
　　（2）：340-343．

关贯勋，邓巨燮，王录德，等，1986．珠江口临海地带及岛屿的鸟类区系[J]．生态科学，17（2）：
　　17-30．

广东省地方史志编纂委员会，2002．广东省志（生物卷）[M]．广州：广东人民出版社．

广东省人民政府，2001．广东省重点保护陆生野生动物名录（第一批）[Z]．

广州市地名委员会，《广州市地名志》编撰委员会，1989．广州市地名志[M]．香港：香港大道文化有限
　　公司．

胡慧建，2010．广州陆生野生动物资源[M]．广州：广东科技出版社．

华南濒危动物研究所，1991．广东鸟类彩色图鉴[M]．广州：广东科技出版社．

黄石林，饶纪腾，韩联宪，等，2003．广东车八岭自然保护区鸟类多样性分析[J]．四川动物，22（2）：
　　101-106．

孔宏智，2016．生物多样性事业呼唤对物种概念和物种划分标准的深度讨论[J]．生物多样性，24（9）：
　　977-978．

黎振昌，肖智，刘少蓉，2011．广东两栖动物和爬行动物[M]．广州：广东科技出版社．

李俊生，高吉喜，张晓岚，等，2005．城市化对生物多样性的影响研究综述[J]．生态学杂志，24（8）：
　　953-957．

罗键，高红英，刘颖梅，等，2010．中国蛇类名录订正及其分布[M]//计翔．两栖爬行动物学研究（第
　　12辑）．南京：东南大学出版社．

约翰·马敬能，卡伦·菲利普斯，何芬奇，等，2000．中国鸟类野外手册[M]．长沙：湖南教育出版社．

饶纪腾，遇宝成，罗键，等，2013．广东省车八岭国家级自然保护区两栖爬行动物资源调查[J]．四川动
　　物，32（1）：131-136．

汪松，郑光美，王岐山，1998．中国濒危动物红皮书·鸟类[M]．北京：科学出版社．

王瑞江，胡慧建，2012．广州野生动植物多样性专题研究[M]．广州：广东科技出版社．

王志宝，2000．国家林业局令第七号——国家保护的有益的或者有重要经济、科学研究价值的陆生野生
　　动物名录[J]．野生动物（5）：49-82．

武正军，李义明，2004. 两栖类种群数量下降原因及保护对策［J］. 生态学杂志，23（1）：140-146.

闫永峰，李希明，2008. 道路对两栖类种群的生态学影响［J］. 生物学通报，43（9）：10-13.

余斯绵，徐龙辉，1985. 广东省保护动物的种类及数量分布［J］. 野生动物（6）：39-42.

张亮，胡慧建，李爱英，等，2022. 广东陆生毒蛇识别与防范［M］. 广州：广东科技出版社.

张荣祖，2011. 中国动物地理［M］. 北京：科学出版社.

赵尔宓，2006. 中国蛇类（上）［M］. 合肥：安徽科学技术出版社.

赵尔宓，黄美华，宗愉，等，1998. 中国动物志：爬行纲：第三卷：有鳞目：蛇亚目［M］. 北京：科学
出版社.

赵尔宓，赵肯堂，周开亚，等，1999. 中国动物志：爬行纲：第二卷：有鳞目：蜥蜴亚目［M］. 北京：
科学出版社.

郑光美，2005. 中国鸟类分类与分布名录［M］. 北京：科学出版社.

郑光美，2011. 中国鸟类分类与分布名录［M］. 2版. 北京：科学出版社.

郑作新，龙泽虞，卢汰春，1995. 中国动物志：鸟纲：第十卷：雀形目：鹟科Ⅰ：鸫亚科［M］. 北京：
科学出版社.

郑作新，龙泽虞，郑宝赉，1987. 中国动物志：鸟纲：第十一卷：雀形目：鹟科Ⅱ：画眉亚科［M］. 北京：
科学出版社.

郑作新，卢汰春，杨岚，等，2010. 中国动物志：鸟纲：第十二卷：雀形目：鹟科Ⅲ：莺亚科 鹟亚科
［M］. 北京：科学出版社.

中国植被编辑委员会，1980. 中国植被［M］. 北京：科学出版社.

中国自然区划工作委员会，1959. 中国动物地理区划与中国昆虫地理区划［M］. 北京：科学出版社.

周用武，马艳君，刘大伟，2018. 我国在CITES公约附录动物保护执法中存在的问题［J］. 野生动物学报，
39（4）：991-996.

邹发生，叶冠锋，2016. 广东陆生脊椎动物分布名录［M］. 广州：广东科技出版社.

中国科学院昆明动物研究所. 中国两栖类［DB/OL］.（2023-05-23）［2023-05-23］. http://www.amphibiachina.
org.

DAVID P，VOGEL G，2021. Taxonomic composition of the *Rhabdophis subminiatus*（Schlegel, 1837）species
complex（Reptilia: Natricidae）with the description of a new species from china［J］. Taprobanica，10（2）：
89–120.

ERRITZOE J，MAZGAJSKI T D，REJT Ł，2003. Bird casualties on European roads—a review［J］. Acta
Ornithologica，38（2）：77–93.

FIGUEROA A，MCKELVY A D，GRISMER L L，et al.，2016. A species-level phylogeny of extant snakes
with description of a new colubrid subfamily and genus［J］. PLoS One，11（9）：e0161070.

HOFFMANN M，HILTON-TAYLOR C，ANGULO A，et al.，2010. The impact of conservation on the
status of the world's vertebrates［J］. Science，330（6010）：1503–1509.

IUCN，2010. IUCN Red List of Threatened Species［EB/OL］.（2022–02）［2023-05-23］. http：//www.
iucnredlist.org.

LOWE S J，BROWNE M，BOUDJELAS S，et al.，2000. 100 of the world's worst invasive alien species:
a selection from the global Invasive species database［M］. Auckland，New Zealand：Invasive Species
Specialist Group（ISSG）：12.

MALHOTRA A，DAWSON K，GUO P，et al.，2011. Phylogenetic structure and species boundaries in the mountain pitviper *Ovophis monticola* (Serpentes: Viperidae: Crotalinae) in Asia [J]. Molecular Phylogenetics and Evolution，59（2）：444–457.

SEMLITSCH R D，BODIE J R，2003. Biological crireria for buffer zones around wetlands and riparian habitats for amphibians and reptiles [J]. Conservation Biology，17（5）：1219–1228.

SHI G L，ZHAO L L，MIAO Z W，et al.，2005. The structure and dynamics of pest insect communities in jujube site of different intercropped systems [J]. Acta Ecologica Sinica，25（9）：2263–2271.

SMART U，INGRASCI M J，SARKER G C，et al.，2021. A comprehensive appraisal of evolutionary diversity in venomous Asian coralsnakes of the genus *Sinomicrurus*（Serpentes：Elapidae）using Bayesian coalescent inference and supervised machine learning [J]. Journal of Zoological Systematics and Evolutionary Research，59（8）：2212–2277.

UETZ P，FREED P，AGUILAR R，2023. The Reptile Database[DB/OL].（2023-05-09）[2023-05-23]. www.reptile-database.org.

WILSON L D，MCCRANIE J R，2003. Herpetofaunal indicator species as measures of environmental stability in Honduras [J]. Caribbean Journal of Science，39（1）：50–67.

ZHANG W J，QI Y H，GEORGE S K，2002. Randomization tests and computational software on statistic significance of community biodiversity and evenness [J]. Biodiversity Science，10（4）：431–437.

附录　广州陆生野生脊椎动物名录

广州两栖类名录

物种名称	区系	生态类型	优势度	资料来源	保护级别
Ⅰ．有尾目 CAUDATA					
一、蝾螈科 Salamandridae					
1．香港瘰螈 *Paramesotriton hongkongensis*	S	TR	+	B	2，NT，Ⅱ
2．黑斑肥螈 *Pachytriton brevipes*	C、S	TQ	+	A	3，LC
Ⅱ．无尾目 ANURA					
二、角蟾科 Megophryidae					
3．莽山角蟾 *Xenophrys mangshanensis*	C、S	TR	+++	A	3，NT
4．短肢角蟾 *Xenophrys brachykolos*	S	TR	+	A	3
三、蟾蜍科 Bufonidae					
5．黑眶蟾蜍 *Duttaphrynus melanostictus*	W	TQ	++++	A	3
四、雨蛙科 Hylidae					
6．华南雨蛙 *Hyla simplex* ☆	S	A	+	A	3
7．三港雨蛙 *Hyla sanchiangensis*	C、S	A	+	C	3
8．中国雨蛙 *Hyla chinensis*	C、S	A	+	A	3
五、蛙科 Ranidae					
9．长肢林蛙 *Rana longicrus*	S	TQ	+	A	3，VU
10．镇海林蛙 *Rana zhenhaiensis* *	C、S	TQ	+	C	3
11．黑斑侧褶蛙 *Pelophylax nigromaculatus* ≠	W	TQ	+	B	3
12．台北纤蛙 *Hylarana taipehensis*	C、S	TQ	+	A	3
13．长趾纤蛙 *Hylarana macrodactyla*	S	TQ	+	C	3
14．沼水蛙 *Hylarana guentheri*	W	TQ	++++	A	P，3
15．阔褶水蛙 *Hylarana latouchii*	C、S	TQ		A	3
16．粤琴蛙 *Nidirana guangdongensis*	S	TQ	++	A	3
17．竹叶臭蛙 *Odorrana versabilis*	C、S	TR	+	A	3
18．大绿臭蛙 *Odorrana graminea*	C、S	TR	+	A	3
19．黄岗臭蛙 *Odorrana huanggangensis*	C、S	TR	+	A	
20．华南湍蛙 *Amolops ricketti*	C、S	TR	+	A	3
六、叉舌蛙科 Dicroglossidae					
21．泽陆蛙 *Fejervarya multistriata*	W	TQ	++++	A	3
22．虎纹蛙 *Hoplobatrachus chinensis*	C、S	TQ	+	A	2（仅野外种群）
23．福建大头蛙 *Limnonectes fujianensis*	W	TQ	++	A	3

（续表）

物种名称	区系	生态类型	优势度	资料来源	保护级别
24. 小棘蛙 *Quasipaa exilispinosa*	C、S	TR	+	A	3，VU
25. 棘胸蛙 *Quasipaa spinosa*	C、S	TR	+	A	3，P，VU
26. 棘腹蛙 *Quasipaa boulengeri* *	C	TR	+	C	3，EN
27. 岭南浮蛙 *Occidozyga lingnanica*	S	TQ	++	C	3
七、树蛙科 Rhacophoridae					
28. 锯腿原指树蛙 *Kurixalus odontotarsus*	SW、S	A	+	A	3
29. 斑腿泛树蛙 *Polypedates megacephalus*	W	A	++++	A	3
30. 布氏泛树蛙 *Polypedates braueri* ☆	C、S	A	+	C	3
31. 无声囊泛树蛙 *Polypedates mutus*	C、S	A	++	C	3
32. 大树蛙 *Rhacophorus dennysi*	W	A	++	A	3
33. 红吸盘棱皮树蛙 *Theloderma rhododiscus* ☆	S	A	+	A	3
八、姬蛙科 Microhylidae					
34. 粗皮姬蛙 *Microhyla butleri*	W	TQ	+++	A	3
35. 饰纹姬蛙 *Microhyla fissipes*	W	TQ	+++	A	3
36. 花姬蛙 *Microhyla pulchra*	C、S	TQ	++	A	3
37. 小弧斑姬蛙 *Microhyla heymonsi*	W	TQ	++	C	3
38. 花狭口蛙 *Kaloula pulchra*	S	TQ	+++	A	3
39. 花细狭口蛙 *Kalophrynus interlineatus*	S	TQ	+++	A	3

注释：区系 S—东洋界华南区物种；C、S—东洋界华中区与华南区共有种；SW、S—东洋界西南区与华南区共有种；W—东洋界广布种（华中、华南、西南三区共有）。生态类型 TQ—陆栖静水型；TR—陆栖流水型；A—树栖型。优势度 ++++—100 只以上；+++—50～99 只；++—25～49 只；+—24 只以下。资料来源 A—广州市第二次陆生野生动植物资源本底调查；B—文献资料；C—广州市第一次陆生野生植物资源本底调查。保护级别 2—国家二级重点保护野生动物；3—有重要生态、科学、社会价值的陆生野生动物；Ⅱ—濒危野生动植物国际贸易公约（CITES）附录Ⅱ；P—广东省重点保护野生动物；EN—世界自然保护联盟（IUCN）濒危物种红色名录濒危等级；VU—世界自然保护联盟（IUCN）濒危物种红色名录易危等级；NT—世界自然保护联盟（IUCN）濒危物种红色名录近危等级；LC—世界自然保护联盟（IUCN）濒危物种红色名录无危等级。其他 *—存疑种。≠—归化种。☆—广州新纪录。

广州爬行类名录

物种名称	区系	优势度	资料来源	保护级别
Ⅰ. 龟鳖目 TESTUDINES				
一、鳖科 Trionychidae				
1. 中华鳖 *Pelodiscus sinensis*	Z	+	A	3，VU
2. 鼋 *Pelochelys cantorii* *	C、S	+	C	1，EN，Ⅰ
二、平胸龟科 Platysternidae				
3. 平胸龟 *Platysternon megacephalum*	C、S	+	A	2，EN，Ⅰ
三、地龟科 Geoemydidae				
4. 乌龟 *Mauremys reevesii*	Z	+	A	2，EN
5. 黑颈乌龟 *Mauremys nigricans* *	S	+	B	2，EN，Ⅱ
6. 中华花龟 *Mauremys sinensis*	C、S	+	A	2，EN，Ⅱ
7. 黄喉拟水龟 *Mauremys mutica*	C、S	+	B	2，EN，Ⅱ
8. 三线闭壳龟 *Cuora trifasciata*	S	+	B	2，CR，Ⅱ
9. 锯缘闭壳龟 *Cuora mouhotii* *	C、S	+	B	2，EN，Ⅱ
10. 地龟 *Geoemyda spengleri*	C、S	+	B	2，EN，Ⅱ
11. 眼斑水龟 *Sacalia bealei*	C、S	+	B	2，EN，Ⅱ
12. 四眼斑水龟 *Sacalia quadriocellata* *	C、S	+	B	2，EN，Ⅱ
Ⅱ. 有鳞目 SQUAMATA				
四、壁虎科 Gekkonidae				
13. 中国壁虎 *Gekko chinensis*	C、S	+	A	3
14. 梅氏壁虎 *Gekko melli*	S	+	A	3，P
15. 黑疣大壁虎 *Gekko reevesii*	S	+	B	2
16. 原尾蜥虎 *Hemidactylus bowringii*	S	+	A	3
17. 锯尾蜥虎 *Hemidactylus garnotii* ≠	S	+	A	3
五、石龙子科 Scincidae				
18. 股鳞蜓蜥 *Sphenomorphus incognitus*	C、S	++	A	3
19. 铜蜓蜥 *Sphenomorphus indicus*	C、S	+	C	3
20. 蓝尾石龙子 *Plestiodon elegans*	C、S		A	3
21. 中国石龙子 *Plestiodon chinensis*	C、S	++	A	3
22. 南滑蜥 *Scincella reevesii*	S	+++	A	3
23. 宁波滑蜥 *Scincella modesta*	Z	+	B	3
24. 中国棱蜥 *Tropidophorus sinicus*	S	+	A	3
25. 中国光蜥 *Ateuchosaurus chinensis*	C、S	+	A	3
六、蜥蜴科 Lacertidae				
26. 南草蜥 *Takydromus sexlineatus*	C、S	+	A	3

（续表）

物种名称	区系	优势度	资料来源	保护级别
27. 北草蜥 *Takydromus septentrionalis* *	C、S	+	C	3
28. 古氏草蜥 *Takydromus kuehnei*	C、S	+	A	3
七、鬣蜥科 Agamidae				
29. 丽棘蜥 *Acanthosaura lepidogaster*	C、S	+	A	3
30. 变色树蜥 *Calotes versicolor*	S	++++	A	3
31. 长鬣蜥 *Physignathus cocincinus*	S	+	B	2，VU，Ⅱ
八、盲蛇科 Typhlopidae				
32. 钩盲蛇 *Indotyphlops braminus*	S	+	A	3
九、蟒科 Pythonidae				
33. 蟒蛇 *Python bivittatus*	C、S	+	A	2，VU，Ⅱ
十、闪皮蛇科 Xenodermatidae				
34. 棕脊蛇 *Achalinus rufescens*	C、S	+	A	3
十一、钝头蛇科 Pareatidae				
35. 中国钝头蛇 *Pareas chinensis*	W	+	A	3
36. 横纹钝头蛇 *Pareas margaritophorus*	C、S	+++	A	3
十二、蝰科 Viperidae				
37. 白头蝰 *Azemiops kharini* ☆	W	+	A	P
38. 原矛头蝮 *Protobothrops mucrosquamatus*	W	+	A	3
39. 越南烙铁头蛇 *Ovophis tonkinensis*	S	+	A	3，P
40. 泰国圆斑蝰 *Daboia siamensis*	S	+	B	2
41. 白唇竹叶青蛇 *Trimeresurus albolabris*	S	+++	A	3
42. 福建竹叶青蛇 *Trimeresurus stejnegeri* *	C、S	+	C	3
十三、水蛇科 Homalopsidae				
43. 中国水蛇 *Myrrophis chinensis*	C、S	+	A	3
44. 黑斑水蛇 *Myrrophis bennettii*	S	+	B	3
45. 墨氏水蛇 *Hypsiscopus murphyi*	C、S	+	A	3
十四、屋蛇科 Lamprophiidae				
46. 紫沙蛇 *Psammodynastes pulverulentus*	W	++	A	3
十五、眼镜蛇科 Elapidae				
47. 福建华珊瑚蛇 *Sinomicrurus kelloggi*	C、S	+	A	3
48. 环纹华珊瑚蛇 *Sinomicrurus annularis*	S	+	A	3
49. 眼镜王蛇 *Ophiophagus hannah*	W	+	A	2，VU，Ⅱ
50. 舟山眼镜蛇 *Naja atra*	W	++	A	3，VU，Ⅱ
51. 金环蛇 *Bungarus fasciatus*	S	+	A	3，P

（续表）

物种名称	区系	优势度	资料来源	保护级别
52. 银环蛇 *Bungarus multicinctus*	C、S	++	A	3
十六、游蛇科 Colubridae				
53. 绿瘦蛇 *Ahaetulla prasina*	S	+	A	3
54. 绞花林蛇 *Boiga kraepelini*	C、S	+	A	3
55. 繁花林蛇 *Boiga multomaculata*	C、S	+	A	3
56. 台湾小头蛇 *Oligodon formosanus*	C、S	+	A	3
57. 中国小头蛇 *Oligodon chinensis*	C、S	+	C	3
58. 紫棕小头蛇 *Oligodon cinereus*	C、S	+	B	3
59. 滑鼠蛇 *Ptyas mucosus*	W	+	A	3，Ⅱ
60. 灰鼠蛇 *Ptyas korros*	C、S	++	A	3，NT
61. 翠青蛇 *Ptyas major*	W	++	A	3
62. 乌梢蛇 *Ptyas dhumnades*	Z	+	C	3，NT
63. 过树蛇 *Dendrelaphis pictus* *	S	+	B	3
64. 王锦蛇 *Elaphe carinata*	Z	+	A	3
65. 黑眉锦蛇 *Elaphe taeniura*	Z	+	C	3
66. 百花锦蛇 *Elaphe moellendorffi*	S	+	B	3
67. 紫灰锦蛇 *Oreocryptophis porphyraceus*	W	+	A	3
68. 三索锦蛇 *Coelognathus radiatus*	S	+	A	3
69. 黄链蛇 *Lycodon flavozonatum*	C、S	+	A	3
70. 赤链蛇 *Lycodon rufozonatum* ≠	Z	+	C	3
71. 黑背白环蛇 *Lycodon ruhstrati*	C、S	+	A	3
72. 福清白环蛇 *Lycodon futsingensis*	S	+	A	
73. 细白环蛇 *Lycodon subcinctus*	S	+	A	3
十七、水游蛇科 Natricidae				
74. 海勒颈槽蛇 *Rhabdophis helleri* （原：红脖颈槽蛇北方亚种 *Rhabdophis subminiatus helleri*）	W	+++	A	3
75. 虎斑颈槽蛇 *Rhabdophis tigrinus* *	Z	+	C	3
76. 挂墩后棱蛇 *Opisthotropis kuatunensis*	C	+	B	3
77. 侧条后棱蛇 *Opisthotropis lateralis*	C、S	+	A	3
78. 山溪后棱蛇 *Opisthotropis latouchii*	C、S	+	A	3
79. 香港后棱蛇 *Opisthotropis andersonii* ☆	S	+	A	3
80. 白眉腹链蛇 *Hebius boulengeri* ☆	C、S	+	A	3
81. 锈链腹链蛇 *Hebius craspedogaster*	C、S	+	A	3
82. 丽纹腹链蛇 *Hebius optatum* ☆	SW、C	+	A	3
83. 坡普腹链蛇 *Hebius popei* ☆	C、S	+	A	3

（续表）

物种名称	区系	优势度	资料来源	保护级别
84. 草腹链蛇 *Amphiesma stolatum*	C、S	++	A	3
85. 棕黑腹链蛇 *Hebius sauteri*	C、S	+	A，C	3
86. 环纹华游蛇 *Trimerodytes aequifasciata*	C、S		A	3
87. 赤链华游蛇 *Trimerodytes annularis* ≠	W	+	C	3
88. 乌华游蛇 *Trimerodytes percarinata*	W	+	A	3
89. 黄斑渔游蛇 *Fowlea flavipunctatus*	C、S	++++	A	3
十八、斜鳞蛇科 Pseudoxenodontidae				
90. 崇安斜鳞蛇 *Pseudoxenodon karlschmidti* ☆	C、S	+	A	3
91. 横纹斜鳞蛇 *Pseudoxenodon bambusicola*	C、S	+	B	3
十九、两头蛇科 Calamariidae				
92. 钝尾两头蛇 *Calamaria septentrionalis*	C、S	+	A	3
二十、剑蛇科 Sibynophiidae				
93. 黑头剑蛇 *Sibynophis chinensis*	W	+	A	3

注：区系 S—东洋界华南区物种；C—东洋界华中区物种；C、S—东洋界华中区与华南区共有种；SW、C—东洋界西南区与华中区共有种；W—东洋界广布种（华中、华南、西南三区共有）；Z—古北界与东洋界共有种。优势度 ++++—100 只以上；+++—50～99 只；++—25～49 只；+—24 只以下。资料来源 A—广州市第二次陆生野生动植物资源本底调查；B—文献资料；C—广州市第一次陆生野生动植物资源本底调查。保护级别 1—国家一级重点保护野生动物；2—国家二级重点保护野生动物；3—有重要生态、科学、社会价值的陆生野生动物；Ⅰ—濒危野生动植物国际贸易公约（CITES）附录Ⅰ；Ⅱ—濒危野生动植物国际贸易公约（CITES）附录Ⅱ；P—广东省重点保护野生动物；CR—世界自然保护联盟（IUCN）濒危物种红色名录极危等级；EN—世界自然保护联盟（IUCN）濒危物种红色名录濒危等级；VU—世界自然保护联盟（IUCN）濒危物种红色名录易危等级；NT—世界自然保护联盟（IUCN）濒危物种红色名录近危等级。其他 *—存疑种；≠—归化种；☆—广州新纪录。

广州鸟类名录

物种名称	区系	居留型	数据来源	保护级别
Ⅰ．鹛䴙目 PODICIPEDIFORMES				
一、鹛䴙科 Podicipedidae				
1. 小鹛䴙 *Tachybaptus ruficollis*	O	R	A，B，C	
2. 凤头鹛䴙 *Podiceps cristatus*	P	W	C	P
Ⅱ．鹈形目 PELECANIFORMES				
二、鸬鹚科 Phalacrocoracidae				
3. 普通鸬鹚 *Phalacrocorax carbo*	C	W	A，B，C	
三、军舰鸟科 Fregatidae				
4. 白腹军舰鸟 *Fregata andrewsi*	P	P	B	1，Ⅰ，红，CR
5. 白斑军舰鸟 *Fregata ariel*	O	R	C	2
Ⅲ．雁形目 ANSERIFORMES				
四、鸭科 Anatidae				
6. 豆雁 *Anser fabalis*	P	W	C	P
7. 灰雁 *Anser anser*	P	W	C	P
8. 鸳鸯 *Aix galericulata*	P	W	C	2，红
9. 绿翅鸭 *Anas crecca*	P	W	A，B，C	
10. 斑嘴鸭 *Anas poecilorhyncha*	O	R	A，B，C	
11. 绿头鸭 *Anas platyrhynchos*	P	W	A，B，C	
12. 琵嘴鸭 *Anas clypeata*	P	W	A，B，C	
13. 赤颈鸭 *Anas penelope*	P	W	A，B，C	
14. 针尾鸭 *Anas acuta*	P	W	A，B，C	
15. 白眉鸭 *Anas querquedula*	P	W	B，C	
16. 赤膀鸭 *Anas strepera*	P	W	B	
17. 赤麻鸭 *Tadorna ferruginea*	P	W	B	
18. 鹊鸭 *Bucephala clangula*	P	W	B	
19. 棉凫 *Nettapus coromandelianus*	O	S	B，C	2，红
20. 罗纹鸭 *Anas falcata*	P	W	B，C	P
21. 花脸鸭 *Anas formosa*	P	W	B	2，Ⅱ
22. 红头潜鸭 *Aythya ferina*	P	W	B，C	
23. 白眼潜鸭 *Aythya nyroca*	C	P	B	P，NT
24. 青头潜鸭 *Aythya baeri*	P	W	B	1，CR
25. 凤头潜鸭 *Aythya fuligula*	P	W	B	
26. 中华秋沙鸭 *Mergus squamatus*	P	W	C	1，红，EN
Ⅳ．鹳形目 CICONIIFORMES				

（续表）

物种名称	区系	居留型	数据来源	保护级别
五、鹭科 Ardeidae				
27. 白鹭 *Egretta garzetta*	P	R	A，B，C	P
28. 中白鹭 *Egretta intermedia*	P	W	A，B，C	P
29. 大白鹭 *Ardea alba*	P	W	A，B，C	P
30. 牛背鹭 *Bubulcus ibis*	O	R	A，B，C	P
31. 池鹭 *Ardeola bacchus*	O	R	A，B，C	P
32. 夜鹭 *Nycticorax nycticorax*	P	R	A，B，C	P
33. 草鹭 *Ardea purpurea*	P	W	A，B，C	P
34. 绿鹭 *Butorides striata*	O	R	A，B，C	P
35. 苍鹭 *Ardea cinerea*	P	W	A，B，C	P
36. 黄斑苇鳽 *Ixobrychus sinensis*	O	R	A，B，C	P
37. 紫背苇鳽 *Ixobrychus eurhythmus*	P	S	B，C	P
38. 栗苇鳽 *Ixobrychus cinnamomeus*	O	R	A，B，C	P
39. 大麻鳽 *Botaurus stellaris*	P	W	B，C	P
40. 黑苇鳽 *Dupetor flavicollis*	O	S	C	P
六、鹳科 Ciconiidae				
41. 东方白鹳 *Ciconia boyciana*	P	W	B，C	1，Ⅰ，红，EN
42. 黑鹳 *Ciconia nigra*	P	W	C	1，Ⅱ，红
七、鹮科 Threskiornithidae				
43. 黑脸琵鹭 *Platalea minor*	P	W	A，B，C	1，红，EN
44. 白琵鹭 *Platalea leucorodia*	P	W	A，B，C	2，Ⅱ，红
Ⅴ. 隼形目 FALCONIFORMES				
八、鹗科 Pandionidae				
45. 鹗 *Pandion haliaetus*	P	R	C	2，Ⅱ，红
九、鹰科 Accipitridae				
46. 黑翅鸢 *Elanus caeruleus*	P	S	A，B，C	2，Ⅱ，红
47. 普通鵟 *Buteo buteo*	P	W	A，B，C	2，Ⅱ
48. 黑冠鹃隼 *Aviceda leuphotes*	O	R	B，C	2，Ⅱ
49. 黑鸢 *Milvus migrans*	P	W	A，B，C	2，Ⅱ
50. 栗鸢 *Haliastur indus*	C	R	C	2，Ⅱ，红
51. 白腹鹞 *Circus spilonotus*	P	W	B，C	2，Ⅱ
52. 白尾鹞 *Circus cyaneus*	P	W	B，C	2，Ⅱ
53. 鹊鹞 *Circus melanoleucos*	P	W	B，C	2，Ⅱ
54. 凤头鹰 *Accipiter trivirgatus*	O	R	A，C	2，Ⅱ，红

（续表）

物种名称	区系	居留型	数据来源	保护级别
55. 雀鹰 *Accipiter nisus*	P	W	B，C	2，Ⅱ
56. 松雀鹰 *Accipiter virgatus*	O	R	A，C	2，Ⅱ
57. 赤腹鹰 *Accipiter soloensis*	O	W	C	2，Ⅱ
58. 日本松雀鹰 *Accipiter gularis*	P	W	B	2，Ⅱ
59. 苍鹰 *Accipiter gentilis*	P	W	C	2，Ⅱ
60. 白尾海雕 *Haliaeetus albicilla*	P	P	B	1，Ⅰ，红
61. 蛇雕 *Spilornis cheela*	O	R	A，C	2，Ⅱ，红
十、隼科 Falconidae				
62. 红隼 *Falco tinnunculus*	C	R	A，B，C	2，Ⅱ
63. 灰背隼 *Falco columbarius*	P	W	B，C	2，Ⅱ
64. 红脚隼 *Falco amurensis*	P	W	B，C	2，Ⅱ
65. 燕隼 *Falco subbuteo*	C	W	B，C	2，Ⅱ
66. 游隼 *Falco peregrinus*	P	W	C	2，Ⅰ
Ⅵ．鸡形目 GALLIFORMES				
十一、雉科 Phasianidae				
67. 环颈雉 *Phasianus colchicus*	O	R	A，B	
68. 日本鹌鹑 *Coturnix japonica*	P	W	A，B，C	
69. 蓝胸鹑 *Coturnix chinensis*	O	R	C	
70. 灰胸竹鸡 *Bambusicola thoracica*	O	R	A，B，C	
71. 中华鹧鸪 *Francolinus pintadeanus*	O	R	A，C	
72. 白眉山鹧鸪 *Arborophila gingica*	O	R	C	2，红
73. 白鹇 *Lophura nycthemera*	O	R	A，C	2
Ⅶ．鹤形目 GRUIFORMES				
十二、鹤科 Gruidae				
74. 灰鹤 *Grus grus*	P	W	C	2，Ⅱ
十三、秧鸡科 Rallidae				
75. 灰胸秧鸡 *Gallirallus striatus*	O	R	B，C	红
76. 小田鸡 *Porzana pusilla*	P	W	B	
77. 普通秧鸡 *Rallus aquaticus*	P	W	B，C	
78. 白喉斑秧鸡 *Rallina eurizonoides*	O	R	B，C	P，红
79. 红胸田鸡 *Porzana fusca*	O	S	B，C	P
80. 花田鸡 *Coturnicops exquisitus*	P	W	C	2，VU
81. 斑胁田鸡 *Zapornia paykullii*	P	P	C	2，NT
82. 董鸡 *Gallicrex cinerea*	O	S	B，C	P

（续表）

物种名称	区系	居留型	数据来源	保护级别
83. 白骨顶 *Fulica atra*	P	W	A，B，C	
84. 白胸苦恶鸟 *Amaurornis phoenicurus*	O	R	A，B，C	
85. 红脚苦恶鸟 *Amaurornis akool*	O	R	A，B，C	
86. 黑水鸡 *Gallinula chloropus*	C	R	A，B，C	P
十四、三趾鹑科 Turnicidae				
87. 黄脚三趾鹑 *Turnix tanki*	O	W	B，C	
88. 林三趾鹑 *Turnix sylvatica*	O	R	B，C	红
Ⅷ．鸻形目 CHARADRIIFORMES				
十五、反嘴鹬科 Recurvirostridae				
89. 黑翅长脚鹬 *Himantopus himantopus*	C	W	A，B，C	P
90. 反嘴鹬 *Recurvirostra avosetta*	P	W	A，B，C	P
十六、水雉科 Jacanidae				
91. 水雉 *Hydrophasianus chirurgus*	O	S	A，B，C	2
十七、燕鸻科 Glareolidae				
92. 普通燕鸻 *Glareola maldivarum*	O	S	B，C	
十八、鹬科 Scolopacidae				
93. 白腰草鹬 *Tringa ochropus*	P	W	A，B，C	
94. 矶鹬 *Actitis hypoleucos*	P	W	A，B，C	
95. 姬鹬 *Lymnocryptes minimus*	P	W	C	
96. 林鹬 *Tringa glareola*	P	W	A，B，C	
97. 小杓鹬 *Numenius minutus*	P	P	B，C	2
98. 丘鹬 *Scolopax rusticola*	P	W	B，C	
99. 鹤鹬 *Tringa erythropus*	P	W	A，B，C	
100. 泽鹬 *Tringa stagnatilis*	P	P	A，B，C	
101. 青脚鹬 *Tringa nebularia*	P	W	A，B，C	
102. 小青脚鹬 *Tringa guttifer*	O	P	B，C	1，Ⅰ，红，EN
103. 红脚鹬 *Tringa totanus*	P	W	B，C	
104. 白腰杓鹬 *Numenius arquata*	P	W	A，B，C	2，NT
105. 中杓鹬 *Numenius phaeopus*	P	W	B，C	P
106. 半蹼鹬 *Limnodromus semipalmatus*	P	P	B	2，红，NT
107. 长嘴半蹼鹬 *Limnodromus scolopaceus*	P	W	B	
108. 黑尾塍鹬 *Limosa limosa*	P	P	A，B	红，NT
109. 斑尾塍鹬 *Limosa lapponica*	P	W	B，C	P，NT
110. 红腹滨鹬 *Calidris canutus*	P	W	B	P，NT

（续表）

物种名称	区系	居留型	数据来源	保护级别
111. 红颈滨鹬 *Calidris ruficollis*	P	W	B，C	NT
112. 青脚滨鹬 *Calidris temminckii*	P	W	B，C	
113. 黑腹滨鹬 *Calidris alpina*	P	W	A，B，C	
114. 弯嘴滨鹬 *Calidris ferruginea*	P	W	B	NT
115. 三趾滨鹬 *Calidris alba*	P	W	C	
116. 长趾滨鹬 *Calidris subminuta*	P	W	C	
117. 大滨鹬 *Calidris tenuirostris*	P	W	B	2，VU
118. 翘嘴鹬 *Xenus cinereus*	P	P	B，C	
119. 流苏鹬 *Philomachus pugnax*	P	W	B	
120. 扇尾沙锥 *Gallinago gallinago*	P	W	A，B，C	
121. 针尾沙锥 *Gallinago stenura*	P	W	B，C	
122. 大沙锥 *Gallinago megala*	P	W	C	
十九、彩鹬科 Rostratulidae				
123. 彩鹬 *Rostratula benghalensis*	O	R	B	
二十、鸻科 Charadriidae				
124. 环颈鸻 *Charadrius alexandrinus*	C	W	A，B，C	
125. 金眶鸻 *Charadrius dubius*	C	W	A，B，C	
126. 金鸻 *Pluvialis fulva*	P	W	B	
127. 灰鸻 *Pluvialis squatarola*	P	W	B	
128. 剑鸻 *Charadrius hiaticula*	P	P	C	
129. 长嘴剑鸻 *Charadrius placidus*	O	P	C	P
130. 灰头麦鸡 *Vanellus cinereus*	P	W	A，B，C	
131. 凤头麦鸡 *Vanellus vanellus*	P	W	B，C	
132. 东方鸻 *Charadrius veredus*	P	P	B	
133. 蒙古沙鸻 *Charadrius mongolus*	P	P	B	
134. 铁嘴沙鸻 *Charadrius leschenaultii*	P	P	B	
二十一、鸥科 Laridae				
135. 灰翅鸥 *Larus glaucescens*	P	P	B	P
136. 黑嘴鸥 *Larus saundersi*	P	W	B，C	1，红，VU
137. 西伯利亚银鸥 *Larus vegae*	P	P	B	P
138. 红嘴鸥 *Larus ridibundus*	P	W	A，B，C	P
139. 黑尾鸥 *Larus crassirostris*	P	S	B	P
140. 渔鸥 *Larus ichthyaetus*	P	W	C	P
141. 普通海鸥 *Larus canus*	P	W	C	P

（续表）

物种名称	区系	居留型	数据来源	保护级别
二十二、燕鸥科 Sternidae				
142．普通燕鸥 *Sterna hirundo*	P	W	B，C	P
143．白翅浮鸥 *Chlidonias leucopterus*	P	W	B，C	P
144．灰翅浮鸥 *Chlidonias hybrida*	P	P	B	P
145．鸥嘴噪鸥 *Gelochelidon nilotica*	C	R	B，C	P
146．粉红燕鸥 *Sterna dougallii*	O	S	C	P
147．红嘴巨燕鸥 *Hydroprogne caspia*	O	R	B	P
148．白额燕鸥 *Sterna albifrons*	O	S	A，B	P
Ⅸ．鸽形目 COLUMBIFORMES				
二十三、鸠鸽科 Columbidae				
149．山斑鸠 *Streptopelia orientalis*	C	R	A，B，C	
150．珠颈斑鸠 *Streptopelia chinensis*	O	R	A，B，C	
151．火斑鸠 *Streptopelia tranquebarica*	O	R	B，C	
152．灰斑鸠 *Streptopelia decaocto*	O	P	A，C	
153．绿翅金鸠 *Chalcophaps indica*	O	R	A，B，C	红
154．绿皇鸠 *Ducula aenea*	O	R	C	2，红
Ⅹ．鹃形目 CUCULIFORMES				
二十四、杜鹃科 Cuculidae				
155．八声杜鹃 *Cacomantis merulinus*	O	S	A，B，C	
156．四声杜鹃 *Cuculus micropterus*	O	S	A，B，C	
157．棕腹杜鹃 *Cuculus nisicolor*	O	S	A	P
158．乌鹃 *Surniculus dicruroides*	O	S	A，C	
159．噪鹃 *Eudynamys scolopacea*	O	R	A，B，C	
160．褐翅鸦鹃 *Centropus sinensis*	O	R	A，B，C	2，红
161．小鸦鹃 *Centropus bengalensis*	O	R	A，B，C	2，红
162．小杜鹃 *Cuculus poliocephalus*	O	S	A，B，C	
163．中杜鹃 *Cuculus saturatus*	P	S	A，B，C	
164．大杜鹃 *Cuculus canorus*	C	S	A，B，C	
165．大鹰鹃 *Cuculus sparverioides*	O	S	A，B，C	
166．红翅凤头鹃 *Clamator coromandus*	O	R	A，B，C	
Ⅺ．咬鹃目 TROGONIFORMES				
二十五、咬鹃科 Trogonidae				
167．红头咬鹃 *Harpactes erythrocephalus*	O	R	A，C	2，红
Ⅻ．鸮形目 STRIGIFORMES				

（续表）

物种名称	区系	居留型	数据来源	保护级别
二十六、草鸮科 Tytonidae				
168．东方草鸮 *Tyto longimembris*	O	W	C	2，Ⅱ
二十七、鸱鸮科 Strigidae				
169．红角鸮 *Otus sunia*	O	R	B	2，Ⅱ
170．黄嘴角鸮 *Otus spilocephalus*	O	R	C	2，Ⅱ，红
171．领角鸮 *Otus bakkamoena*	O	R	C	2，Ⅱ
172．短耳鸮 *Asio flammeus*	P	W	B，C	2，Ⅱ
173．长耳鸮 *Asio otus*	P	W	C	2，Ⅱ
174．褐渔鸮 *Ketupa zeylonensis*	O	R	C	2，Ⅱ
175．鹰鸮 *Ninox scutulata*	O	R	A，B，C	2，Ⅱ
176．灰林鸮 *Strix aluco*	O	R	A，C	2，Ⅱ
177．领鸺鹠 *Glaucidium brodiei*	O	R	A，C	2，Ⅱ
178．斑头鸺鹠 *Glaucidium cuculoides*	O	R	A，B，C	2，Ⅱ
ⅩⅢ．**夜鹰目 CAPRIMULGIFORMES**				
二十八、**夜鹰科 Caprimulgidae**				
179．普通夜鹰 *Caprimulgus indicus*	O	S	A，B，C	
180．林夜鹰 *Caprimulgus affinis*	O	S	A，B，C	
ⅩⅣ．**雨燕目 APODIFORMES**				
二十九、**雨燕科 Apodidae**				
181．白喉针尾雨燕 *Hirundapus caudacutus*	O	P	C	
182．小白腰雨燕 *Apus nipalensis*	C	S	A，B，C	
183．白腰雨燕 *Apus pacificus*	C	S	A，B，C	
ⅩⅤ．**佛法僧目 CORACIIFORMES**				
三十、**佛法僧科 Coraciidae**				
184．三宝鸟 *Eurystomus orientalis*	O	R	A，B，C	P
三十一、**蜂虎科 Meropidae**				
185．蓝喉蜂虎 *Merops viridis*	O	S	A，B，C	2
186．栗喉蜂虎 *Merops philippinus*	O	S	B	2
三十二、**翠鸟科 Alcedinidae**				
187．普通翠鸟 *Alcedo atthis*	C	R	A，B，C	
188．白胸翡翠 *Halcyon smyrnensis*	C	R	A，B，C	2
189．蓝翡翠 *Halcyon pileata*	O	R	B，C	P
190．斑鱼狗 *Ceryle rudis*	O	R	A，B，C	P
191．冠鱼狗 *Megaceryle lugubris*	O	R	C	P

（续表）

物种名称	区系	居留型	数据来源	保护级别
XVI. 戴胜目 UPUPIFORMES				
三十三、戴胜科 Upupidae				
192．戴胜 *Upupa epops*	C	R	A，B，C	
XVII. 鴷形目 PICIFORMES				
三十四、拟鴷科 Capitonidae				
193．大拟啄木鸟 *Megalaima virens*	O	R	A，C	
194．黑眉拟啄木鸟 *Megalaima oorti*	O	R	A，B，C	
三十五、啄木鸟科 Picidae				
195．蚁鴷 *Jynx torquilla*	P	W	A，B，C	
196．斑姬啄木鸟 *Picumnus innominatus*	O	R	A，C	P
197．大斑啄木鸟 *Dendrocopos major*	P	R	C	P
198．黄嘴栗啄木鸟 *Blythipicus pyrrhotis*	O	R	A，C	P
199．灰头绿啄木鸟 *Picus canus*	P	R	A，C	P
200．星头啄木鸟 *Dendrocopos canicapillus*	O	R	A，C	P
201．白眉棕啄木鸟 *Sasia ochracea*	O	R	C	P
XVIII. 雀形目 PASSERIFORMES				
三十六、百灵科 Alaudidae				
202．小云雀 *Alauda gulgula*	O	R	B，C	P
203．云雀 *Alauda arvensis*	P	W	B，C	2
三十七、燕科 Hirundinidae				
204．家燕 *Hirundo rustica*	C	S	A，B，C	
205．金腰燕 *Cecropis daurica*	P	S	A，B，C	
三十八、鸦科 Corvidae				
206．灰树鹊 *Dendrocitta formosae*	O	R	A，C	
207．喜鹊 *Pica pica*	P	R	A，B，C	
208．红嘴蓝鹊 *Urocissa erythrorhyncha*	O	R	A，B，C	
209．大嘴乌鸦 *Corvus macrorhynchos*	O	R	A，B，C	
210．松鸦 *Garrulus glandarius*	P	R	A，C	
211．白颈鸦 *Corvus pectoralis*	O	R	C	P，VU
三十九、鹡鸰科 Motacillidae				
212．白鹡鸰 *Motacilla alba*	C	R	A，B，C	
213．灰鹡鸰 *Motacilla cinerea*	P	W	A，B，C	
214．黄鹡鸰 *Motacilla flava*	P	W	A，B，C	
215．山鹡鸰 *Dendronanthus indicus*	P	P	A，C	

（续表）

物种名称	区系	居留型	数据来源	保护级别
216. 东方田鹨 *Anthus rufulus*	P	W	B，C	
217. 树鹨 *Anthus hodgsoni*	P	W	A，B，C	
218. 田鹨 *Anthus richardi*	P	W	A，B，C	
219. 红喉鹨 *Anthus cervinus*	P	W	B，C	
220. 水鹨 *Anthus spinoletta*	P	W	B，C	
221. 北鹨 *Anthus gustavi*	P	P	C	
222. 黄腹鹨 *Anthus rubescens*	P	W	B	
四十、鹎科 Pycnonotidae				
223. 白头鹎 *Pycnonotus sinensis*	O	R	A，B，C	
224. 红耳鹎 *Pycnonotus jocosus*	O	R	A，B，C	
225. 黄臀鹎 *Pycnonotus xanthorrhous*	O	R	B，C	
226. 白喉红臀鹎 *Pycnonotus aurigaster*	O	R	A，B，C	
227. 黑短脚鹎 *Hypsipetes leucocephalus*	O	R	A，C	
228. 栗背短脚鹎 *Hemixos castanonotus*	O	R	A，B，C	
229. 绿翅短脚鹎 *Hypsipetes mcclellandii*	O	R	A，B，C	
230. 领雀嘴鹎 *Spizixos semitorques*	O	R	A，C	
四十一、叶鹎科 Chloropseidae				
231. 橙腹叶鹎 *Chloropsis hardwickii*	O	R	A，C	
四十二、山椒鸟 Campephagidae				
232. 暗灰鹃鵙 *Coracina melaschistos*	O	S	A，C	
233. 大鹃鵙 *Coracina macei*	O	R	C	
234. 灰山椒鸟 *Pericrocotus divaricatus*	O	P	C	
235. 小灰山椒鸟 *Pericrocotus cantonensis*	P	S	B，C	
236. 短嘴山椒鸟 *Pericrocotus brevirostris*	O	S	C	
237. 赤红山椒鸟 *Pericrocotus flammeus*	O	R	A，C	
238. 灰喉山椒鸟 *Pericrocotus solaris*	O	R	A，C	
四十三、伯劳科 Laniidae				
239. 红尾伯劳 *Lanius cristatus*	P	W	B，C	
240. 棕背伯劳 *Lanius schach*	O	R	A，B，C	
241. 楔尾伯劳 *Lanius sphenocercus*	P	W	B	
242. 虎纹伯劳 *Lanius tigrinus*	P	P	C	
243. 栗背伯劳 *Lanius collurioides*	O	R	C	P
四十四、盔鵙科 Prionopidae				
244. 钩嘴林鵙 *Tephrodornis gularis*	O	R	C	

（续表）

物种名称	区系	居留型	数据来源	保护级别
四十五、黄鹂科 Oriolidae				
245. 黑枕黄鹂 *Oriolus chinensis*	O	S	A，B，C	
246. 鹊鹂 *Oriolus mellianus*	O	S	C	2，红，EN
四十六、卷尾科 Dicruridae				
247. 黑卷尾 *Dicrurus macrocercus*	O	R	A，B，C	
248. 发冠卷尾 *Dicrurus hottentottus*	O	S	A，B，C	
249. 古铜色卷尾 *Dicrurus aeneus*	O	R	A，C	
250. 灰卷尾 *Dicrurus leucophaeus*	O	S	A，B，C	
四十七、椋鸟科 Sturnidae				
251. 八哥 *Acridotheres cristatellus*	O	R	A，B，C	
252. 家八哥 *Acridotheres tristis* ≠	O	R	B	
253. 灰背椋鸟 *Sturnia sinensis*	O	R	A，B，C	
254. 丝光椋鸟 *Sturnus sericeus*	O	R	A，B，C	
255. 黑领椋鸟 *Gracupica nigricollis*	O	R	A，B，C	
256. 灰椋鸟 *Sturnus cineraceus*	P	W	A，B，C	
257. 北椋鸟 *Sturnia sturnina*	P	P	C	
258. 紫翅椋鸟 *Sturnus vulgaris*	P	P	B	
四十八、燕鹀科 Artamidae				
259. 灰燕鹀 *Artamus fuscus*	O	R	C	
四十九、鹪鹩科 Troglodytidae				
260. 鹪鹩 *Troglodytes troglodytes*	O	P	C	
五十、八色鸫科 Pittidae				
261. 仙八色鸫 *Pitta nympha*	O	S	A，C	2，Ⅱ，红，VU
五十一、鸫科 Turdidae				
262. 乌鸫 *Turdus merula*	O	R	A，B，C	
263. 灰背鸫 *Turdus hortulorum*	P	W	A，B，C	
264. 乌灰鸫 *Turdus cardis*	P	W	B，C	
265. 白腹鸫 *Turdus pallidus*	P	W	B，C	
266. 白眉鸫 *Turdus obscurus*	P	W	B，C	
267. 紫啸鸫 *Myophonus caeruleus*	O	S	A，B，C	
268. 斑鸫 *Turdus eunomus*	P	W	C	
269. 白喉短翅鸫 *Brachypteryx leucophrys*	O	R	A，C	
270. 虎斑地鸫 *Zoothera dauma*	O	W	A，B，C	
271. 白眉地鸫 *Zoothera sibirica*	P	P	B，C	

（续表）

物种名称	区系	居留型	数据来源	保护级别
272．橙头地鸫 *Zoothera citrina*	O	P	A，B，C	
273．白尾蓝地鸲 *Cinclidium leucurum*	O	R	B	
274．蓝矶鸫 *Monticola solitarius*	O	R	A，B，C	
275．栗腹矶鸫 *Monticola rufiventris*	O	R	C	
276．白喉矶鸫 *Monticola gularis*	P	P	C	
277．黑喉石䳭 *Saxicola torquata*	P	W	A，B，C	
278．灰林䳭 *Saxicola ferrea*	O	R	A，B，C	
279．鹊鸲 *Copsychus saularis*	O	R	A，B，C	
280．北红尾鸲 *Phoenicurus auroreus*	P	W	A，B，C	
281．红喉歌鸲 *Luscinia calliope*	P	W	A，B，C	2
282．蓝喉歌鸲 *Luscinia svecica*	P	W	B，C	2
283．蓝歌鸲 *Luscinia cyane*	O	P	A，C	
284．日本歌鸲 *Erithacus akahige*	O	W	C	P
285．红尾歌鸲 *Luscinia sibilans*	O	P	A，B，C	
286．红胁蓝尾鸲 *Tarsiger cyanurus*	O	W	A，B，C	
287．红尾水鸲 *Rhyacornis fuliginosus*	O	R	A，C	
288．白额燕尾 *Enicurus leschenaulti*	O	R	A，C	
289．灰背燕尾 *Enicurus schistaceus*	O	R	A，C	
290．小燕尾 *Enicurus scouleri*	O	R	C	
五十二、王鹟科 Monarchinae				
291．寿带 *Terpsiphone paradisi*	O	S	A，B，C	P
292．紫寿带 *Terpsiphone atrocaudata*	O	P	C	P，NT
293．黑枕王鹟 *Hypothymis azurea*	O	W	B，C	
五十三、鹟科 Muscicapidae				
294．白喉林鹟 *Rhinomyias brunneatus*	O	S	C	2，VU
295．绿背姬鹟 *Ficedula elisae*	P	P	B，C	P
296．黄眉姬鹟 *Ficedula narcissina*	P	P	B，C	
297．白眉姬鹟 *Ficedula zanthopygia*	P	P	C	
298．红喉姬鹟 *Ficedula albicilla*	P	W	A，B，C	
299．白腹蓝姬鹟 *Cyanoptila cyanomelana*	P	P	B，C	
300．橙胸姬鹟 *Ficedula strophiata*	O	W	C	
301．鸲姬鹟 *Ficedula mugimaki*	P	W	A，C	
302．海南蓝仙鹟 *Cyornis hainanus*	O	S	A，B，C	P
303．纯蓝仙鹟 *Cyornis unicolor*	O	S	A，C	

（续表）

物种名称	区系	居留型	数据来源	保护级别
304. 小仙鹟 *Niltava macgrigoriae*	O	S	C	
305. 山蓝仙鹟 *Cyornis banyumas*	O	S	C	
306. 蓝喉仙鹟 *Cyornis rubeculoides*	O	S	C	
307. 棕腹仙鹟 *Niltava sundara*	O	P	C	
308. 棕腹大仙鹟 *Niltava davidi*	O	S	C	2
309. 方尾鹟 *Culicicapa ceylonensis*	O	W	C	
310. 乌鹟 *Muscicapa sibirica*	P	W	A，B，C	
311. 北灰鹟 *Muscicapa dauurica*	P	W	A，B，C	
312. 灰纹鹟 *Muscicapa griseisticta*	P	P	A，C	
313. 褐胸鹟 *Muscicapa muttui*	O	P	C	
314. 铜蓝鹟 *Eumyias thalassinus*	O	S	A，C	
315. 棕尾褐鹟 *Muscicapa ferruginea*	O	P	C	
五十四、画眉科 Timaliidae				
316. 黑脸噪鹛 *Garrulax perspicillatus*	O	R	A，B，C	
317. 黑喉噪鹛 *Garrulax chinensis*	O	R	A，C	
318. 黑领噪鹛 *Garrulax pectoralis*	O	R	A，C	
319. 小黑领噪鹛 *Garrulax monileger*	O	R	A，C	
320. 灰眶雀鹛 *Alcippe morrisonia*	O	W	A，B，C	
321. 褐顶雀鹛 *Alcippe brunnea*	O	R	A，C	
322. 褐头雀鹛 *Alcippe cinereiceps*	O	R	A，C	
323. 红嘴相思鸟 *Leiothrix lutea*	O	R	A，C	2，Ⅱ，P
324. 画眉 *Garrulax canorus*	O	R	A，B，C	2，Ⅱ
325. 白颊噪鹛 *Garrulax sannio*	O	R	A，B，C	
326. 白腹凤鹛 *Erpornis zantholeuca*	O	R	A，C	
327. 栗耳凤鹛 *Yuhina castaniceps*	O	R	A，C	
328. 红头穗鹛 *Stachyris ruficeps*	O	R	A，C	
329. 小鳞胸鹪鹛 *Pnoepyga pusilla*	O	R	A，C	
330. 斑胸钩嘴鹛 *Pomatorhinus erythrocnemis*	O	R	A，C	
331. 棕颈钩嘴鹛 *Pomatorhinus ruficollis*	O	R	A，C	
332. 蓝翅希鹛 *Minla cyanouroptera*	O	R	C	
五十五、鸦雀科 Paradoxornithidae				
333. 棕头鸦雀 *Paradoxornis webbianus*	O	R	C	
五十六、扇尾莺科 Cisticolidae				
334. 金头扇尾莺 *Cisticola exilis*	O	R	C	

（续表）

物种名称	区系	居留型	数据来源	保护级别
335．棕扇尾莺 *Cisticola juncidis*	O	W	A，B，C	
336．黄腹山鹪莺 *Prinia flaviventris*	O	R	A，B，C	
337．纯色山鹪莺 *Prinia inornata*	O	R	A，B，C	
338．黑喉山鹪莺 *Prinia atrogularis*	O	R	A，C	
339．山鹪莺 *Prinia crinigera*	O	R	C	
五十七、莺科 Sylviidae				
340．长尾缝叶莺 *Orthotomus sutorius*	O	R	A，B，C	
341．栗头缝叶莺 *Orthotomus cucullatus*	O	R	A，C	
342．东方大苇莺 *Acrocephalus orientalis*	O	W	B，C	
343．褐柳莺 *Phylloscopus fuscatus*	P	W	A，B，C	
344．黑眉苇莺 *Acrocephalus bistrigiceps*	P	W	A，B，C	
345．厚嘴苇莺 *Acrocephalus aedon*	P	P	B，C	
346．冕柳莺 *Phylloscopus coronatus*	O	P	C	
347．黄眉柳莺 *Phylloscopus inornatus*	P	W	A，B，C	
348．黑眉柳莺 *Phylloscopus ricketti*	O	S	C	
349．极北柳莺 *Phylloscopus borealis*	P	W	A，B，C	
350．冠纹柳莺 *Phylloscopus reguloides*	O	W	A，B，C	
351．黄腰柳莺 *Phylloscopus proregulus*	O	W	A，B，C	
352．巨嘴柳莺 *Phylloscopus schwarzi*	P	W	A，C	
353．淡脚柳莺 *Phylloscopus tenellipes*	P	P	C	
354．双斑绿柳莺 *Phylloscopus plumbeitarsus*	P	P	C	
355．白斑尾柳莺 *Phylloscopus davisoni*	O	P	C	
356．强脚树莺 *Cettia fortipes*	O	R	A，B，C	
357．远东树莺 *Cettia canturians*	O	W	C	
358．鳞头树莺 *Urosphena squameiceps*	P	W	A，C	
359．矛斑蝗莺 *Locustella lanceolata*	P	P	B	P
360．东亚蝗莺 *Locustella pleskei*	P	W	C	P，VU
361．大草莺 *Graminicola bengalensis*	O	R	C	
362．比氏鹟莺 *Seicercus valentini*	O	S	A，C	
363．淡尾鹟莺 *Seicercus soror*	O	P	C	
五十八、绣眼鸟科 Zosteropidae				
364．暗绿绣眼鸟 *Zosterops japonicus*	O	R	A，B，C	
365．红胁绣眼鸟 *Zosterops erythropleurus*	P	P	C	2
五十九、山雀科 Paridae				

（续表）

物种名称	区系	居留型	数据来源	保护级别
366. 大山雀 *Parus major*	C	R	A，B，C	
367. 黄颊山雀 *Parus spilonotus*	O	R	A，C	
368. 黄腹山雀 *Parus venustulus*	O	R	C	
369. 黄眉林雀 *Sylviparus modestus*	O	R	C	
六十、长尾山雀科 Aegithalidae				
370. 红头长尾山雀 *Aegithalos concinnus*	O	R	A，C	
六十一、䴓科 Sittidae				
371. 绒额䴓 *Sitta frontalis*	O	R	C	
六十二、攀雀科 Remizidae				
372. 中华攀雀 *Remiz consobrinus*	P	R	A，B	
六十三、啄花鸟科 Dicaeidae				
373. 纯色啄花鸟 *Dicaeum concolor*	O	R	A，C	
374. 朱背啄花鸟 *Dicaeum cruentatum*	O	R	A，C	
375. 红胸啄花鸟 *Dicaeum ignipectus*	O	R	A，C	
六十四、花蜜鸟科 Nectariniidae				
376. 叉尾太阳鸟 *Aethopyga christinae*	O	R	A，B，C	
377. 黄腹花蜜鸟 *Cinnyris jugularis*	O	R	C	
六十五、雀科 Passeridae				
378. 麻雀 *Passer montanus*	C	R	A，B，C	
379. 山麻雀 *Passer rutilans*	O	R	C	
六十六、梅花雀科 Estrildidae				
380. 白腰文鸟 *Lonchura striata*	O	R	A，B，C	
381. 斑文鸟 *Lonchura punctulata*	O	R	A，B，C	
六十七、燕雀科 Fringillidae				
382. 金翅雀 *Carduelis sinica*	P	R	A，B，C	
383. 黑尾蜡嘴雀 *Eophona migratoria*	P	W	A，B，C	P
384. 黑头蜡嘴雀 *Eophona personata*	P	W	C	P
385. 普通朱雀 *Carpodacus erythrinus*	P	W	C	
386. 褐灰雀 *Pyrrhula nipalensis*	O	R	C	
六十八、鹀科 Emberizidae				
387. 灰头鹀 *Emberiza spodocephala*	P	W	A，B，C	P
388. 小鹀 *Emberiza pusilla*	P	W	A，B，C	P
389. 田鹀 *Emberiza rustica*	P	W	C	P
390. 芦鹀 *Emberiza schoeniclus*	P	W	B，C	P

（续表）

物种名称	区系	居留型	数据来源	保护级别
391. 栗鹀 *Emberiza rutila*	P	W	C	P
392. 凤头鹀 *Melophus lathami*	O	R	B，C	P
393. 黑头鹀 *Emberiza melanocephala*	P	P	B	P
394. 黄胸鹀 *Emberiza aureola*	P	W	A，B，C	1，EN
395. 栗耳鹀 *Emberiza fucata*	P	W	B	P
396. 白眉鹀 *Emberiza tristrami*	P	W	A，C	P
397. 黄眉鹀 *Emberiza chrysophrys*	P	W	C	P
398. 黄喉鹀 *Emberiza elegans*	P	W	C	P

注：区系 O—东洋界；P—古北界；C—广布种。居留型 R—留鸟；W—冬鸟；S—夏候鸟；P—旅鸟或迷鸟。资料来源 A—2017—2019 年第二次广州野生动物样线上调查记录到物种；B—为样线外调查记录；C—书籍文献记录。保护级别 1—国家一级重点保护野生动物；2—国家二级重点保护野生动物；P—广东省重点保护鸟类；I—濒危野生动植物国际贸易公约（CITES）附录Ⅰ；Ⅱ—濒危野生动植物国际贸易公约（CITES）附录Ⅱ；红—列入中国鸟类红皮书；CR—世界自然保护联盟（IUCN）濒危物种红色名录极危等级；EN—世界自然保护联盟（IUCN）濒危物种红色名录濒危等级；VU—世界自然保护联盟（IUCN）濒危物种红色名录易危等级；NT—世界自然保护联盟（IUCN）濒危物种红色名录近危等级。其他≠—归化种。

广州哺乳类名录

物种名称	区系	分布型	数据来源	保护级别
Ⅰ．劳亚食虫目 EULIPOTYPHLA				
一、猬科 Erinaceidae				
1．东北刺猬 *Erinaceus amurensis* *	W	O	B，C	3，LC
二、鼩鼱科 Soricidae				
2．灰麝鼩 *Crocidura attenuata*	O	S	A，B，C	LC
3．华南中麝鼩 *Crocidura rapax*	P	U	A，B	LC
4．臭鼩 *Suncus murinus*	O	W	A，B，C	LC
Ⅱ．翼手目 CHIROPTERA				
三、狐蝠科 Pteropodidae				
5．棕果蝠 *Rousettus leschenaultii*	O	W	B，C	LC
6．犬蝠 *Cynopterus sphinx*	O	W	A，B，C	LC
7．短耳犬蝠 *Cynopterus brachyotis*	O	W	A，B，C	LC
四、菊头蝠科 Rhinolophidae				
8．中菊头蝠 *Rhinolophus affinis*	O	W	A，B，C	LC
9．皮氏菊头蝠 *Rhinolophus pearsoni* ☆	O	E	A	LC
10．小菊头蝠 *Rhinolophus pusillus*	O	S	A，B，C	LC
11．中华菊头蝠 *Rhinolophus sinicus*	O	W	A，B，C	LC
五、蹄蝠科 Hipposideridae				
12．大蹄蝠 *Hipposideros armiger* ☆	O	W	A	LC
13．中蹄蝠 *Hipposideros larvatus* ☆	O	W	A	LC
14．小蹄蝠 *Hipposideros pomona*	O	/	A，B，C	LC
六、蝙蝠科 Vespertilionidae				
15．大棕蝠 *Eptesicus serotinus* ☆	O	W	A	LC
16．中华鼠耳蝠 *Myotis chinensis*	O	W	A，B	LC
17．山地鼠耳蝠 *Myotis montivagus* ☆	O	W	A	LC
18．尼泊尔鼠耳蝠 *Myotis nipalensis* ☆	O	/	A	DD
19．中华水鼠耳蝠 *Myotis laniger*	O	S	A，B	LC
20．长指鼠耳福 *Myotis longipes* ☆	O	S	A	DD
21．大足鼠耳蝠 *Myotis pilosus* ☆	W	O	A	NT
22．郝氏鼠耳蝠 *Myotis horsfieldii*	W	O	A，C	LC
23．东亚伏翼 *Pipistrellus abramus*	O	E	A，B，C	LC
24．普通伏翼 *Pipistrellus pipistrellus*	O	E	A，B，C	LC
25．小伏翼 *Pipistrellus tenuis*	O	W	A，B，C	LC
26．灰伏翼 *Hypsugo pulveratus*	O	S	B，C	LC

（续表）

物种名称	区系	分布型	数据来源	保护级别
27. 中华山蝠 *Nyctalus plancyi*	O	S	A，B，C	LC
28. 卡氏伏翼 *Hypsugo cadornae* ☆	O	W	A	DD
29. 华南扁颅蝠 *Tylonycteris fulvidus*	O	W	A，B，C	LC
30. 褐扁颅蝠 *Tylonycteris robustula*	O	W	A，B	LC
31. 大黄蝠 *Scotophilus heathii*	O	W	A，B，C	LC
32. 小黄蝠 *Scotophilus kuhlii*	O	W	B，C	LC
33. 亚洲长翼蝠 *Miniopterus fuliginosus*	W	O	A，B	NT
34. 南长翼蝠 *Miniopterus pusillus*	O	W	A，B	LC
35. 彩蝠 *Kerivoula picta*	O	S	B，C	P，LC
Ⅲ．灵长目 PRIMATES				
七、猴科 Cercopithecidae				
36. 猕猴 *Macaca mulatta*	O	W	B	2，LC，Ⅱ
Ⅳ．鳞甲目 PHOLIDOTA				
八、鲮鲤科 Manidae				
37. 中华穿山甲 *Manis pentadactyla* *	O	W	B，C	1，CR，Ⅰ
Ⅴ．食肉目 CARNIVORA				
九、犬科 Canidae				
38. 南狐 *Vulpes vulpes hoole* *	P	C	B，C	2，LC
39. 貉 *Nyctereutes procyonoides*	O	E	B	2，LC
十、鼬科 Mustelidae				
40. 黄喉貂 *Martes flavigula*	O	W	B	2，LC
41. 黄腹鼬 *Mustela kathiah*	O	S	A，B	3，LC
42. 黄鼬 *Mustela sibirica*	P	U	A，B，C	3，LC
43. 鼬獾 *Melogale moschata*	O	S	A，B，C	3，LC
44. 狗獾 *Meles leucurus* *	O	W	B，C	3，LC
45. 猪獾 *Arctonyx collaris*	O	W	A，B，C	3，NT
46. 水獭 *Lutra lutra* *	P	U	B	2，NT，Ⅰ
十一、灵猫科 Viverridae				
47. 大灵猫 *Viverra zibetha* *	O	W	B，C	1，LC，Ⅲ
48. 小灵猫 *Viverricula indica*	O	W	A，B	1，LC，Ⅲ
49. 斑林狸 *Prionodon pardicolor* ☆	O	W	A	2，LC，Ⅰ
50. 果子狸 *Paguma larvata*	O	W	A，B，C	3，LC，Ⅲ
十二、獴科 Herpestidae				
51. 红颊獴 *Herpestes javanicus*	O	W	B	P，3，LC，Ⅲ

（续表）

物种名称	区系	分布型	数据来源	保护级别
52. 食蟹獴 *Herpestes urva*	O	W	B，C	P，3，LC，Ⅲ
十三、猫科 Felidae				
53. 豹猫 *Prionailurus bengalensis*	O	W	A，B，C	2，LC，Ⅱ
54. 云豹 *Neofelis nebulosa* *	O	W	B	1，VU，Ⅰ
Ⅵ. 偶蹄目 ARTIODACTYLA				
十四、猪科 Suidae				
55. 野猪 *Sus scrofa*	W	U	A，B，C	LC
十五、鹿科 Cervidae				
56. 小麂 *Muntiacus reevesi*	O	S	B，C	P，3，LC
57. 赤麂 *Muntiacus vaginalis*	O	W	A，B，C	P，3，LC
58. 水鹿 *Rusa unicolor* *	O	W	B，C	2，VU
十六、牛科 Bovidae				
59. 中华鬣羚 *Capricornis milneedwardsii* *	O	W	B	2，NT，Ⅰ
Ⅶ. 啮齿目 RODENTIA				
十七、松鼠科 Sciuridae				
60. 赤腹松鼠 *Callosciurus erythraeus*	O	W	A，B，C	3，LC
61. 倭花鼠 *Tamiops maritimus*	O	W	A，B，C	3，LC
62. 红颊长吻松鼠 *Dremomys rufigenis*	O	S	B，C	3，LC
十八、鼯鼠科 Petauristidae				
63. 红背鼯鼠 *Petaurista petaurista*	O	W	A，B，C	P，3，LC
十九、鼠科 Muridae				
64. 巢鼠 *Micromys minutus*	W	U	A，B，C	LC
65. 东亚屋顶鼠 *Rattus brunneusculus*	O	W	B，C	LC
66. 黄毛鼠 *Rattus losea*	O	S	A，B，C	LC
67. 大足鼠 *Rattus nitidus*	O	W	A，B	LC
68. 褐家鼠 *Rattus norvegicus*	W	U	A，B，C	LC
69. 黑缘齿鼠 *Rattus andamanensis*	O	W	A，B	LC
70. 黄胸鼠 *Rattus tanezumi*	O	W	A，B，C	LC
71. 北社鼠 *Niviventer confucianus*	O	W	A，B，C	3，LC
72. 针毛鼠 *Niviventer fulvescens*	O	W	A，B，C	LC
73. 青毛巨鼠 *Berylmys bowersi*	O	W	A，B，C	LC
74. 白腹巨鼠 *Leopoldamys edwardsi*	O	W	A，B，C	LC
75. 小家鼠 *Mus musculus*	W	U	A，B，C	LC
76. 卡氏小鼠 *Mus caroli* ☆	O	U	A	LC

（续表）

物种名称	区系	分布型	数据来源	保护级别
77．板齿鼠 *Bandicota indica*	O	W	A，B，C	LC
二十、鼹形鼠科 Spalacidae				
78．银星竹鼠 *Rhizomys pruinosus*	O	W	A，B	3，LC
79．中华竹鼠 *Rhizomys sinensis*	O	W	A，B	3，LC
二十一、豪猪科 Hystricidae				
80．中国豪猪 *Hystrix hodgsoni*	O	W	A，B，C	P，3，LC
Ⅷ．兔形目 LAGOMORPHA				
二十二、兔科 Leporidae				
81．华南兔 *Lepus sinensis*	O	S	A，B，C	3，LC

注：区系 O—东洋界；P—古北界；W—广布种。分布型 C—全北型；U—古北型；E—季风型；S—南中国型；W—东洋型；O—地中海型。资料来源 A—捕捉或观察到实体；B—文献资料；C—第一次本底调查。保护级别 1—国家一级重点保护野生动物；2—国家二级重点保护野生动物；3—有重要生态、科学、社会价值的陆生野生动物；Ⅰ—濒危野生动植物国际贸易公约（CITES）附录Ⅰ；Ⅱ—濒危野生动植物国际贸易公约（CITES）附录Ⅱ；Ⅲ—濒危野生动植物国际贸易公约（CITES）附录Ⅲ；P—广东省重点保护野生动物；CR—世界自然保护联盟（IUCN）濒危物种红色名录极危等级；VU—世界自然保护联盟（IUCN）濒危物种红色名录易危等级；NT—世界自然保护联盟（IUCN）濒危物种红色名录近危等级；LC—世界自然保护联盟（IUCN）濒危物种红色名录无危等级；DD—数据缺乏。其他 *—存疑物种；☆—广州新纪录。